高等学校建筑类专业教材

BIM设计软件与制图
——基于Revit的制图实践（第2版）

李一叶 著

U0281888

重庆大学出版社

▌ 内容简介

建筑设计从二维向三维转换，已经是不可逆转的趋势，而 Revit 是其中的重要软件。本书不是对软件简单操作的重复，而是作者结合自己多年实践经验，对 BIM 软件平台的制图功能及与现行制图标准的结构程度进行具体解读。全书共 7 章，分别为：BIM 应用概述，BIM 设计与传统设计的差异，基于 Revit 的图纸标准化管理，Dynamo 自动化流程探索，建筑专业 BIM 设计及制图实践，结构专业 BIM 设计及制图实践，机电专业 BIM 设计及制图实践。本书不仅对各专业 BIM 的应用进行总结，也对比 BIM 设计理念与传统工作流程的差异，最后结合现行标准对制图效果的异同、优劣进行对比分析说明，同时结合国内制图标准对设计施工单位提出一些切实有效的建议，从多个角度来解读 BIM 软件平台工作流程与制图实践之间的关系。

本书适合作为高等学校建筑相关专业的教材使用，也适合作为相关培训或者从业人员自学提高的读物使用。

图书在版编目（CIP）数据

BIM设计软件与制图：基于Revit的制图实践 / 李一叶著. -- 2版. -- 重庆：重庆大学出版社，2020.6
高等学校建筑类专业教材
ISBN 978-7-5689-0727-9

Ⅰ.①B… Ⅱ.①李… Ⅲ.①计算机制图 – 高等学校 – 教材 Ⅳ.①TP391.72

中国版本图书馆CIP数据核字（2020）第088810号

BIM设计软件与制图——基于Revit的制图实践（第2版）
BIM SHEJI RUANJIAN YU ZHITU —— JIYU Revit DE ZHITU SHIJIAN

李一叶 著
责任编辑：林青山　　版式设计：大奥睿臣
责任校对：邹　忌　　责任印制：赵　晟

重庆大学出版社出版发行
出版人：饶帮华
社址：重庆市沙坪坝区大学城西路21号
邮编：401331
电话：（023）88617190　88617185（中小学）
传真：（023）88617186　88617166
网址：http://www.cqup.com.cn
邮箱：fxk@cqup.com.cn（营销中心）
全国新华书店经销
重庆巍承印务有限公司印刷

开本：787mm×1092mm　1/16　印张：13.5　字数：297 千
2017 年 8 月第 1 版　2020 年 6 月第 2 版　2020 年 6 月第 2 次印刷
ISBN 978-7-5689-0727-9　定价：49.00元

序
PREFACE

2003 年，在香港理工大学成立建筑虚拟模型实验室，就是为了研究和推动三维技术在建筑行业的应用。当时，我们利用达索系统的 CATIA 和 DELMIA 去验证先试后建的可行性和价值。

与此同时，实验室也培养了一批学生成为这个领域的先锋。李一叶硕士期间就对 BIM 技术在可持续的建筑的应用有了较为深入的研究。毕业后先以 BIM 应用顾问身份任职于香港工程公司，其后逐步升职到 BIM 项目经理，一直在第一线深切体会着新技术应用的各种机遇与挑战。很高兴看到她能总结 8 年多工作和研究所得，编写了这本很有实用性的 BIM 制图指南。

本书结合了最广泛使用的 BIM 软件平台之一 Revit，针对国内设计出图的标准，系统而详尽地指导了在设计、结构、机电等专业如何利用 Revit 制图。现阶段，BIM 在设计阶段得不到充分应用很大程度上受到制图效率的影响，而模型生成图纸的效率比预期有所降低的主要原因之一就是软件所出图纸在很多地方不能与现行制图标准严格地对接。本书非常有针对性，对 Revit 建模流程与图纸输出之间的关系进行了具体而细致的解读，并结合现阶段国内制图标准，对新旧软件平台的制图效果进行了比较说明，旨在为设计施工单位提供一些实用性的建议。对有效地利用 BIM 进行设计制图有极强的指导意义。

虽然市面上已有不少各方面的 BIM 著作，但本书对多专业的设计院和 BIM 咨询团队，无疑具有很强的实用性。对于准备开展 BIM 教学的大专院校，本书也可以作为参考书目。

香港理工大学建筑信息学讲座教授

2017 年 5 月 8 日

前言
FOREWORD

　　住房和城乡建设部在"十二五"期间，印发了《2011—2015年建筑业信息化发展纲要》的通知，确立了建筑业信息化的总体目标：加快推广BIM、协同设计、移动通信、无线射频、虚拟现实、4D项目管理等技术在勘察设计、施工和工程项目管理中的应用，改进传统的生产与管理模式，提升企业的生产效率和管理水平。对中国BIM而言，可以预计"十三五"会是一个急剧增长或扩散的时间段。无论是开展BIM应用的企业和个人，应用BIM的项目，还是举办的会议、大赛、现场观摩等BIM活动，以及各类BIM资讯和出版物都会在这个阶段有一个近乎爆发的过程。

　　BIM将逐渐取代CAD成为下一代主流软件体系，就如同20世纪80年代开始用CAD代替手工绘图一样不可逆转。以CAD为基础的技术转换到BIM，是工程建设行业的一次技术革命。BIM的应用价值已经得到政府的高度关注和行业的普遍认同。美国、日本、英国等世界发达国家的调查样本显示，BIM应用比例已经达到一半以上。

　　笔者先求学于武汉大学城市规划学院，后师从香港理工大学李恒教授学习建筑信息系统（BIM）技术及工程管理应用，毕业后先以BIM应用顾问身份任职于香港工程顾问公司，与各种顾问公司、建筑设计公司、政府部门以及开发商合作，游走于写字楼与工地之间，在第一线深切体会到新技术应用的各种机遇与挑战，现任职于建筑设计事务所伍兹·贝格（Woodsbagot），依旧从事BIM项目经理工作，在这个国际化的平台上，看到了更多BIM技术发展的可能性及潜能，对这项技术在建筑业的应用深具信心。

　　尽管BIM的应用范畴甚广，潜力巨大。目前行业正处在从传统二维制图平台向三维平台的转换阶段，为数众多的企业、顾问、政府审核部门仍依赖于二维图纸作为信息交换的主要形式。简而言之，行业内仍然在BIM的软件平台与传统CAD操作平台之间挣扎，一方面对新平台带来的种种优势效益跃跃欲试，另一方面又踯躅于传统交付成果要求与审批流程的条条框框，左支右绌，顾此失彼。不得不说的是，虽然 BIM 的优势并不在二维制图方面，但现阶段 BIM 在各阶段得不到充分应用，很大程度上确是受到制图效率的影响。模型生成图纸的效率比预期有所降低的原因表面上只是软件本身性能及数据结构的问题，实质上其背后原因在于新平台带来的新的思维模式、规划流程、交付内容和业务协同方式上。

在此，笔者基于这些年来的学习实践心得，从设计顾问的角度对 BIM 软件平台的制图功能，及与现行制图标准的结合程度进行具体解读。全书分为 7 个章节：第 1 章 BIM 应用概述，简介 BIM 的概念及在国内外的发展应用趋势；第 2 章 BIM 设计与传统设计的差异，对 BIM 设计与传统 CAD 设计平台进行方方面面的对比说明，并重点阐述其对制图流程及成果的影响；第 3 章基于 Revit 的图纸标准化管理，讲解有关 Revit 平台的图纸标准化管；第 4 章承接图纸标准化管理，是有关 Dynamo 自动化流程探索的一些案例；接着 5，6，7 章分别为建筑、结构及机电的制图实践部分，此部分不仅会对各专业 BIM 的应用进行总结，也会对比 BIM 设计理念与该专业传统工作流程的差异，最后结合现行标准对制图效果的异同、优劣进行对比分析说明。简而言之，本书旨在结合国内制图标准对设计施工单位提出一些切实有效的建议，并从多个角度来解读 BIM 软件平台工作流程与制图实践之间的关系。

在本书写作期间得到三位友人的鼎力相助，在此深表感谢！香港理工大学高级研究员黄霆博士，在建筑虚拟实验室建立之初就作为骨干力量，致力于推动最新虚拟技术及人工智能技术在建筑行业中的应用，对于 BIM 技术在国内外应用的现状有深刻认识，共同参与了"BIM 应用概述"及"BIM 与传统设计差异"章节的写作；科进香港有限公司 BIM 协调员李扬，先后在山东同正勘察设计有限公司、德州市水利局担任助理工程师，熟悉结构平法制图国家标准，共同参与了"结构专业 BIM 设计及制图实践"章节的写作；中国浙江建设集团香港有限公司 BIM 协调员张树，从事机电专业设计及地盘协调工作，共同参与了"机电专业 BIM 设计与制图实践"章节的写作。

最后还要感谢重庆大学建设管理与房地产学院的王廷魁副教授，他为本书的修改完善，提出了很好的建议。

李一叶

目录 CONTENTS

第1章

BIM 应用概述

1.1 现状概述

1.1.1 BIM 的概念

美国国家 BIM 标准对 BIM 进行定义："BIM 是设施物理和功能特性的数字表达；BIM 是一个共享的知识资源，是一个分享有关这个设施的信息，为该设施从概念到拆除的全生命周期中的所有决策提供可靠依据的过程；在项目的不同阶段，不同利益相关方通过在 BIM 中插入、提取、更新和修改信息，以支持和反映各自职责的协同工作。"

BIM 到底是什么？BIM 是三个单词的组合，即 Building、Information、Modeling。B（Building）是设计对象和最终的目标，就是房子 / 建筑，也可以扩展到一般建设工程对象；M（Modeling）是模型 / 建模，是对 B 采用三维数字化设计手段得到的结果；I（Information）是信息，是与 B（Building）有关的所有各类信息，可以是 M（Modeling）带来或产生的，也可以是其他过程产生的。所以做 BIM 的目标是数字化 / 信息化的虚拟建筑，或者说是真实建筑的数字化 / 虚拟化，并由此带来的一系列的相关信息处理和实际操作，例如碰撞检查、方案比选、设计分析，等等。可以说，M 是模拟或者表达了 B，而虚拟化 / 数字化的 M 能多接近真实的 B，取决于 I 的多少和深度，而 I 的多少和深度，以及对 I 的操作和运用，能决定一个项目的成本甚至企业的未来发展。

在 BIM 技术的众多优点中，BIM 的协调性与参数化性对于建筑生命周期内的各工种协同是最大的亮点。以模型为平台，多个设计专业同时工作保持信息一致，一处修改，处处更新，并且建筑模型的任何改动都会反映到相应的模型属性、明细表上，有助于提高设计质量、加强材料管理、提高施工效率、方便设施管理。

1.1.2 BIM 发展应用概述

住房城乡建设部在"十二五"期间，发布的《2011—2015 年建筑业信息化发展纲要》，确立了建筑业信息化的总体目标：基本实现建筑企业信息系统的普及应用，加快建筑信息模型（BIM）、基于网络的协同工作等新技术在工程中的应用，推动信息化标准建设，促进具有自主知识产权软件的产业化，形成一批信息技术应用达到国际先进水平的建筑企业。

建筑行业在"十二五"期间，加快推广 BIM、协同设计、移动通信、无线射频、虚拟现实、4D 项目管理等技术在勘察设计、施工和工程项目管理中的应用，改进传统的生产与管理模式，提升企业的生产效率和管理水平。行业也制定了一系列的 BIM 标准，完善建筑行业与企业信息化标准体系和相关的信息化标准，推动信息资源整合，提高信息综合利用水平。

对中国 BIM 而言，可以预计"十三五"毫无疑问会是一个急剧增长或扩散的时间段。无论是开展 BIM 应用的企业和个人、应用 BIM 的项目，还是举办的会议、大赛、现场观摩等 BIM 活动，以及各类 BIM 资讯和出版物都会在这个阶段有一个近乎爆发的过程。

BIM 将逐渐取代 CAD 成为下一代主流软件体系，就如同 20 世纪 80 年代开始用 CAD 代替手工绘图一样不可逆转。以 CAD 为基础的技术转换到 BIM，是工程建设行业的一次技术革命。BIM 的应用价值已经得到政府的高度关注和行业的普遍认同。美国、日本、英国等发达国家的调查样本显示，BIM 应用比例已经达到一半以上。但目前 BIM 在中国的应用仍基本依赖于个别复杂项目或某些业主的特殊需求，充分发挥 BIM 信息全生命周期集成优势，实现 BIM 的深层次应用，还有很长的路要走。

1.2 BIM 的主要应用

1.2.1 BIM 应用的宽度

美国智慧建筑联盟（buildingSMART alliance，bSa）的 BIM 专案执行计划指南 1.0 版（BIM Project Execution Planning Guide 1.0 版）对目前美国工程建设领域的 BIM 使用情况进行调查研究，总结出目前 BIM 的 25 种不同应用，认为 BIM 规划团队可以根据建设专案项目实际情况从中选择实施的 BIM 应用计划。从规划、设计、施工到运营维护的发展阶段，其中有些应用跨越一个到多个阶段（例如 3D 协调），有些应用则仅在某一阶段内（例如能源分析）（见图 1.1）。

谈到 BIM 就离不开 *n*D，虽然目前把 BIM 的中文名称普遍叫作建筑信息模型，但行业专家仍然认为"多维工程信息模型"是对 BIM 最贴切的解释。

（1）2D——二维

2D 是对绘画和手绘图的模拟，包括点、线、圆、多边形等，目前使用的各类方案图、初步设计图和施工图都是 2D 的。

（2）3D——三维

有两种类型的 3D，第一类是 3D 几何模型，最典型的就是 3DS Max 模型，其主要作用是对工程项目进行视觉化表达；第二类是我们要介绍的 BIM 3D 或 BIM 模型，制造业称之为数位样机（Digital Prototype）。BIM 3D 包含了工程项目所有的几何、物理、功能和

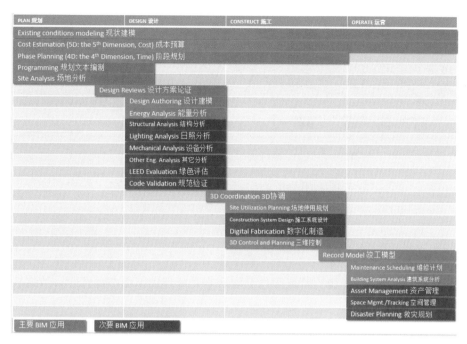

图 1.1　BIM 在项目生命周期内的不同应用

性能信息，这些信息一旦建立，不同的项目参与方在专案的不同阶段都可以使用这些信息对建筑物进行各种类型和专业的计算、分析、模拟工作。

（3）4D——四维

4D 是 3D 加上项目发展的时间，用于研究可建性（可施工性）、施工计划安排以及优化任务和分包商的工作顺序等。因此，4D 的价值可以归纳为"做没有意外的施工"。如果能够在每周与分包商的例会上直接向 BIM 模型提问题，然后探讨模拟各种改进方案的可能性，在虚拟建筑中解决目前需要在现场才能解决的问题，就能够通过使用 4D 在整个项目建设过程中把所有分包商、供应商的工作顺序安排好，使他们的工作没有停顿、没有等待。

（4）5D——五维

5D 是应用 BIM 3D 的造价控制。工程预算起始于巨量和繁琐的工程量统计，应用 BIM 模型信息与费用连接，工程预算将在整个设计施工的所有变化过程中得到即时和精确的反映。

（5）6D——六维

2D/3D/4D/5D 的定义是比较明确和一致的，业界对于 6D 有一些不同的探讨。认为把 6D 定义为"可持续的建筑"比较合理。6D 可以进行的建筑性能分析包括：建筑日照分析与采光模拟、建筑空气流动分析、区域景观可视度分析、建筑的噪声分析、热能分析。这些不但影响建筑物的性能（运营成本），而且也直接影响使用者的舒适性。6D 应用使性能分析可以配合建筑方案的细化过程逐步深入，做出真正的可持续的建筑来。

（6）7D——七维

7D-BIM 使管理人员可以在建筑的整个生命周期内对设施进行运行和维护。 BIM 的第

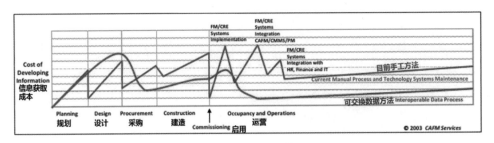

图 1.2　设施管理及企业房地资产系统导入

7 个维度允许参与者提取和跟踪相关资产数据，如组件状态、规格、维护／操作手册、保修数据等。特别是降低了获取信息的成本。

　　图 1.2 中蓝色线条是传统手工方法的数据获取成本曲线，红色的为采用 BIM+FM 可交换运行的数据获取方法的成本曲线。我们能明显看出：BIM 方法对比传统方法，在设计阶段数据获取成本增加了，在施工阶段数据获取成本是降低的，而在运营阶段数据获取成本是显著降低的。

　　图 1.3 中实线为信息在不同阶段的价值，虚线为信息的成本，随着项目在生命周期中前进，数据价值成本差越来越大，意味着所需数据越早识别、定义与采集价值越大。图 1.3 中的模型显示了由于缺乏信息互通而导致每个阶段的信息丢失和重新收集的成本。如果在阶段之间能保留信息，则信息的成本将大大节省，美国国家标准与技术研究院（NIST）估计每年可以有 15.8 亿美元的节省。

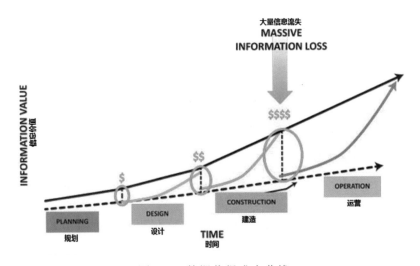

图 1.3　数据获得成本曲线

1.2.2　BIM 应用的深度

　　BIM 应用可以从不同阶段来观察，但需要利用应用的深度来评价。按照冰川理论，露出的，永远都只是一部分，而大部分，都是在海面以下。真正决定事物演变方向的，不是露出海平面的那一小部分，而是海面下那不可见的一大部分。同样的，评价项目的 BIM 是不是有价值，不是单单知道它看上去显现出来的样子，仅仅看项目有哪些BIM应用；而需要看到蕴含在BIM项目实施过程中各种业务活动，比如建模、分析、沟通、交付是如何完成的。

先定义BIM能力（Capability）为执行BIM任务或提供BIM服务或产品的基本能力。因此，当提及一个团队或组织具有什么样的BIM能力时，指的是该团队或组织应用BIM技术所应达到或超越的能力门槛，而此能力门槛通常会被分成几级（例如初级、中级或高级）。BIM成熟度则指在前述的BIM能力分级系统里，一个团队或组织能够以怎样的能力程度（通常是介于能力门槛之间），来提供稳定品质的BIM服务或产品。

我们可以从个人、组织、专案，甚至产业的不同尺度来看BIM成熟度。就个人而言，BIM成熟度指的是个人在BIM技术应用上的胜任度（Competence）。

在产业的BIM成熟度方面，最有名的应算是英国的BIM成熟度模型，将BIM成熟度分成从0级到3级的四个等级，其中0级指的是点、线、面几何模型的2D CAD应用阶段；1级指的是物件模型的2D/3D CAD模型应用阶段；2级指的是以3D BIM技术达成协同合作的应用阶段，也是英国政府要求所有公共工程自2016年必须达到的阶段；最后的3级则是指工程生命周期所有资料进入全面整合管理应用的阶段（见图1.4）。

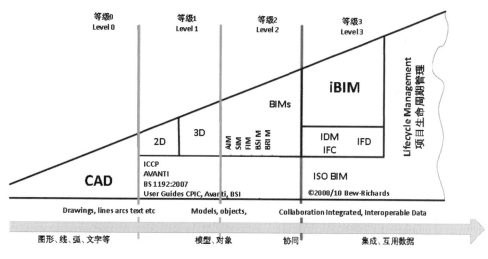

图1.4　BIM成熟度的四个等级

AIM：建筑信息模型；SIM：结构信息模型；FIM：设施信息模型；BSIM：建筑系统（机电）信息模型
BRIM：桥梁信息模型；IFC：工业基础分类（数据交换标准）；IDM：信息交换手册；IFD：国际字典框架

在项目的BIM成熟度评估方面，则可参考ARUP与Atkins这两家国际知名工程顾问公司所合作发展出来的BIM成熟度量测工具。此工具的发展参考了宾夕法尼亚州州立大学的BIM成熟度现况评估表，针对一个项目中BIM导入应用的不同面向，进行成熟度评估，以利彰显 BIM 的成功应用及协助并找出还可以改进的地方。它目前考虑的面向除包含项目（Project）整体 BIM 成熟度的评估，也包含各个专案在各专业分工层面的评估，例如：建筑（Architecture）、结构（Structural）、机械（Mechanical）、电力（Electrical）等，甚至在应用层面的评估，例如桥梁（Bridges）、隧道（Tunnels）等。

市场上越来越多的企业都向业主表明能提供 BIM 服务，业主往往很难判断这些服务之间的差异，就容易被价格而非价值牵着鼻子走，从而产生劣币逐良币的情形。业主可以利用 ARUP 与 Atkins 合作发展出来的 BIM 成熟度量测工具，先针对项目所欲达成的 BIM 成熟度目标值进行确认，然后也要求企业对他们自己在此项目的不同面向中预定且有能力达成的 BIM 成熟度进行评估。如果企业的各项拟达成的成熟度值皆高于业主的期望值，表示此企业所提供的 BIM 服务应能满足业主的需求，且不同企业间的差异也能看得到。利用成熟度这样的评估工具，不同项目的 BIM 应用深度就有了比较的基础，业主也可以更清楚地表达出对专案执行所需要或期望的 BIM 应用深度，有利建立业主与企业间的良好共识。

1.2.3　BIM 应用的远度

知其然，还要知其所以然。只有知其所以然，才能举一反三、融会贯通地来理解和应对事物。世界总是不停地在变化，技术也在不停地变化，那么怎么才能牢牢地把握不停变化的世界呢？只有知道了世界为什么会这么变化，以及知道了这种变化遵循什么样的规律，才可以做到。

BIM 作为建筑行业新技术的代表之一，也在不断地发展，并不断与其他新技术相互融合和促进，比如构件工业化生产、3D 打印技术、建筑机器人技术、实时定位技术、虚拟现实技术、混合现实技术，等等。制造业提出了工业 4.0，我国也提出了中国制造 2025，可以看到技术的融合正在不断地加快，别的行业先进的技术也会更多更快地被建筑行业所吸收。住建部印发的《建筑业发展"十三五"规划》提出了深化建筑业体制机制改革、推动建筑产业现代化、推进建筑节能与绿色建筑发展等主要任务；促进大型企业做优做强，形成一批以开发建设一体化、全过程工程咨询服务、工程总承包为业务主体、技术管理领先的龙头企业；加大信息化推广力度，应用 BIM 技术的新开工项目数量增加。

1.3　BIM 应用的困难和障碍

如果把 BIM 和目前已经普及使用的 CAD 技术进行比较的话，会发现 CAD 基本上是一个软件的事情，而 BIM 不仅仅是一个软件的事；CAD 基本上只是换了一个工具的事，而 BIM 不仅仅是换一个工具的事；CAD 更多地表现为使用者个人的事，而 BIM 不仅仅是一个人的事，可以说是牵一发而动全身。

BIM 的上述特点决定了 BIM 对建筑业的影响和价值将会远比 30 年前的 CAD 来得更为广泛和深远，同时也决定了学习掌握和推广普及 BIM 所需要付出的努力和可能遇到的困难要远比 CAD 来得多和来得大。CAD 的推广普及可以通过一本软件的操作手册来实现，而 BIM 的应用实施则不太可能仅仅通过一本软件操作手册和安排人学习软件来完成。

企业层面开展 BIM 应用是一个投入资源比较大、投入时间比较长，而效益不容易定量统计、简单获取的过程，从了解 BIM、制订规划、派人学习、试点项目到获得回报、总结提高、全面普及都需要有合理的计划和落地的执行。计划和执行得好，这个过程就有可能缩短，得到比较好的投入产出比；反之就可能会多走弯路，导致效益不佳甚至损失，以致整个计划推倒重来。

另外，国内对于 BIM 的工作目标、产出成果、验收标准等尚无共通性的准则或规范，在执行一段时间后，反而造成合同规范内容对 BIM 工作范畴界定不清、验收标准含糊、无对价的服务酬金等问题。在设计阶段，中国 BIM 应用的困难可以归纳如下：

业主：行业认识不足，缺乏明确目标，执行不够坚决，制度障碍。国内 BIM 发展初期，公共工程虽将其写入合同规范，但大部分业主对于 BIM 模型的用途都不太清楚，也不知道该如何应用，于是皆交由外聘专家委员协助审查，但通常也仅针对 3D 模型外观进行审查。最终 BIM 模型只能收藏在承办员的抽屉内，BIM 的效益根本没有发挥而流于形式。

建筑师：BIM 的"绘图观念"对事务所来说也会造成技术导入障碍。以前建筑师是将脑海里的设计想法，用图学的观念画成平面图、剖面图等相关设计图面；但是 BIM 的绘图观念是将脑海里的想法，先用 3D 数字模型建构起来，而所需要的平面图、剖面图等设计图面，则是由计算机自动产出，设计师只需再做细节的加工即可，这对建筑师来说整体的操作方式与观念都不一样。

机电设计：以往在设计时间做的是绘制系统与功能设计图，这些图面的管路与配线路径通常都只是示意图，也就是说通常管路冲突问题都是到施工阶段才需要解决，但是 BIM 设计项目让机电设计师在 BIM 建模过程，就必须开始考虑管线高程与冲突问题，原本后端要处理的问题，必须提前在设计时间就要考虑。

技术人才不够：虽近年来公共工程一直在推广 BIM，但业界仍未普及，使用率也不高，目前有资金投资 BIM 技术的还是以大公司为主。明星建筑师工作接不完，但是中小型事务所的设计业务经营就比较困难。虽然中小型事务所都很想导入，但又担心人才培训以及软硬件所增加的成本，而且 BIM 的推动和整个产业链息息相关的。另外，国内建筑设计存在酬金过低的生态，在以往的设计酬金分配的结构下，机电设计分配到的服务费根本无法支撑 BIM 的导入成本，因此实务上建筑师只能另外找 BIM 技术顾问或工程顾问公司来协助。虽然用 BIM 的目标是希望可以改善营建产业的执行效率与提升质量，但是因为服务酬金没有相对提升，导致变相措施不断循环，各做各的反而增加了专业整合的困难度。

1.4 BIM 应用的保障

BIM 应用的成功，不仅仅是会用软件，企业需要提供多方面的保障，包括培训、合约、标准等。BIM 应用决策不是一件简单的事情，没有现成的公式可以套用，没有系统的理论可以推断，也没有现成的模子可以照搬，只能由企业 BIM 应用决策团队根据政策导向、市场竞争、企业现状、企业业务发展需要以及 BIM 技术应用发展情况等因素综合考虑来作决定。

企业 BIM 应用决策需要涉及的因素很多，其中有些因素是主要矛盾，有些因素是次要矛盾；有些因素有明确的答案，有些因素没有明确的答案；有些因素企业能控制，有些因素企业没法控制。

企业开展 BIM 应用的目标可以有很多，而从根本上来说实现这些目标都需要一个共同的基础，这就是让 BIM 成为企业的有效生产力。企业 BIM 生产力是指至少有一个团队能够持续在实际项目的全部或部分应用 BIM 技术提高工作效率和工作质量，为企业贡献更多、更好的经济效益和社会效益，并从这样一个团队开始，根据企业经营、市场需求和技术发展情况逐步普及。我们把该项工作称为 "企业 BIM 生产力建设"。显然，企业 BIM 生产力建设不是一蹴而就简单组织一两次软件操作培训的事情，需要一套行之有效的方法和体系。

目前比较普及的 BIM 软件操作培训主要是教会学员掌握软件每一项功能的使用方法，而企业 BIM 生产力建设培训应该主要是教会企业项目团队应用 BIM 技术完成工程任务、解决项目问题、提升工作效率和盈利能力。可以用一个通俗的比喻来这样理解，软件操作培训是教会学员知道一共有多少药、每一种药（软件功能）能治什么病，培训出来的是药师；而企业 BIM 生产力建设培训是教会学员掌握碰到不同的病情应该如何使用合适软件的功能把病治好，培训出来的是医师。这就是为什么企业只是派员工参加各种 BIM 软件培训以后回来无法形成生产力的根本原因。

归根到底，BIM 是一种基于模型的建筑业信息技术，而目前普遍使用的 CAD 是一种基于图形的建筑业信息技术。使用 BIM，企业员工使用模型完成管理和专业技术任务的比重将不断增加，实现从目前主要使用图形完成项目任务到未来同时使用模型和图形完成项目任务的生产方式转变，并最终实现企业技术水平、盈利能力和核心竞争力的提升。

企业 BIM 实践的关键是论证和确定在不同的时间、不同的项目、不同的市场环境下，用 BIM 做什么以及如何做才能取得最好的效果和效益。

第2章
BIM 设计与传统设计的差异

　　尽管 BIM 的应用范畴甚广，潜力巨大，但目前行业正处在从传统二维制图平台向三维平台的转换阶段，为数众多的企业、顾问、政府审核部门仍依赖于二维图纸作为信息交换的主要形式。简而言之，行业内仍然在 BIM 的软件平台与传统 CAD 操作平台之间挣扎，一方面对新平台带来的种种优势效益跃跃欲试，另一方面又踟蹰于传统交付成果要求与审批流程的条条框框，左支右绌，顾此失彼。对于设计企业，一方面需要主动地去探索利用 BIM 来优化设计，提高设计质量；但另一方面，也要尽量满足其他合作方对二维图纸交付的要求。当然，无论业主、项目参与方，甚至政府审批部门现在都在积极探索和拓展三维模型的应用范围。三维模型最终将有可能代替二维图纸，成为项目的主要交付内容。但是现阶段，由于市场及行业内部仍处于探索过渡的阶段，完全放弃二维而只用三维并不现实，设计单位使用了 BIM，还是需要生成二维图纸。

　　不得不说的是，虽然 BIM 的优势并不在二维制图方面，但现阶段 BIM 在各阶段得不到充分应用，很大程度上确是受到制图效率的影响。模型生成图纸的效率比预期有所降低的原因表面上只是软件本身性能及数据结构的问题，实质上其背后原因在于新平台带来的新的思维模式、规划流程、交付内容和业务协同方式上。本节将对 BIM 设计与传统 CAD 设计平台进行方方面面的对比，说明并重点阐述其对制图流程及成果的影响。因为 BIM 软件所出图纸在很多方面不能与现行制图标准严格对接确实是使很多企业、顾问、承包商对这项技术望而却步的主要原因之一，毕竟准确准时的成果交付才是判断一份合同或是一个项目成功完成与否的标准。现今大的市场环境仍然是以 CAD 的成果交付及审批流程为主，在这样的市场环境下，如何使 BIM 软件平台的制图功能得到充分发挥，如何缓解行业内因为制图效率对 BIM 技术应用的疑虑，正是本书的主旨所在。以下将从 BIM 设计流程与传统流程的差异说起，阐述 BIM 制图效果在整个工作流程中的位置及意义，并分析其与传统制图效果产生差异的根本原因，从而分析可以弥合这些差异的方法。

2.1　BIM 设计流程与传统设计流程

　　BIM 技术对传统设计流程的影响可概括为三方面：

首先，是工作流程的变化。使用 BIM 技术，每个设计阶段的内容会更为深化，阶段和阶段的边界会弱化。当前阶段的设计成果将会部分接近或达到下一个阶段初期的设计深度。

其次，是数据流转的变化。专业内部甚至专业间利用协同工作模式，可以随时进行设计协调，从而减少了设计错误，提高了设计质量。

最后，是工作成果的变化。设计师更多的精力可专注于设计创意和建筑分析，而平、立、剖等视图可以通过模型自动生成，可以增加设计的内容和提升设计的质量。

2.1.1　传统的设计流程

基于二维图纸，传统的设计流程包括设计准备、设计及制图、设计审批、交付及归档等几个环节。各专业基于建筑专业的设计方案开始设计准备工作，结构专业及机电专业对建筑专业的设计方案进行复核确认，提出本专业的技术参数及要求，然后开展基于二维图纸的设计和制图工作。在设计过程中，各专业须与其他专业相互协调。

传统的业务流程存在一些明显的不足之处，主要体现在：

①平、立、剖图需要单独绘制，图纸间缺乏数据关联，不能有效地保证数据的一致性，导致平、立、剖表达不一致。各专业间也不能建立直接的数据关联，导致专业间的碰撞冲突等问题。

②二维图纸制作费时费力，通常情况下，设计人员没有足够的时间和精力来设计多个方案以供比选，而且设计师很难通过图纸与业主等相关方就设计意图进行有效的沟通。

③二维图纸不能直接用于建筑分析，无法为方案比选和优化提供有效的量化依据。

2.1.2　基于 BIM 技术的设计流程

在基于 BIM 技术的设计模式下，结构专业、机电专业的设计工作会大大前置，与传统工作流程比较，主要有两方面的变化：

① BIM 模型作为整个项目统一、完整的共享工程数据源，随时可以进行协同工作。

②传统的设计制图过程转变为由模型生成二维视图的过程，保证了数据的一致性。

从数据流转的角度看，实现了各专业随时进行数据流转与交换，而 BIM 模型和二维视图同时作为交付物。从工作效果的角度看，模型与所生成的相应图纸准确一致，减少了错漏碰撞等现象，主要体现在：

①基于 BIM 技术的设计方式能够直观、全面地表达建筑构件的空间关系，能够真正实现专业内及专业间的综合协调，具有良好的数据关联性，因此能够大幅度地提升设计质量，减少设计错误发生的概率。

②所创建的 BIM 模型包含了丰富的几何和参数等属性信息，这些信息可以用于各种建筑分析和统计，为设计优化提供了技术手段和量化依据。

2.2　BIM 执行计划与交付内容

为确保新的设计流程可以充分被各项目成员所理解并实施，执行任何以 BIM 为平台的项目前，都应制订一个执行计划。计划需要综合考虑建设项目特点、项目团队能力、技术水平、实施成本等多方面因素，得出一个性价比最优的方案。不同公司、学术机构都有大量的 BIM 执行计划模板可供引用，全面的 BIM 计划应该巨细靡遗地包含项目的各个方面，而其核心内容可概括为项目预期 BIM 应用范畴、软件平台类型及版本、责任分配矩阵、参与人员要求、交付成果及对应项目进程的时间表。应用范畴及技术平台决定了最终交付成果，而参与人员要求和责任分配矩阵则可以确保交付成果可以与项目进程紧密配合。

业主和设计单位对 BIM 应用的支持非常重要，因为业主要求直接决定了预期的 BIM 应用范畴，这也是在项目全生命期延续和体现 BIM 应用效益并使之最大化的关键。BIM 的应用范畴广泛，建模、制图、深化设计、专业协同、工程进度模拟等，每个应用范畴都会对应相应的交付成果。比如，建模对应定时的模型交付、制图对应 PDF 或 CAD 交付、深化设计及专业协同对应定时的碰撞检查报告或设计选项综合分析对比报告，而工程进度模拟则需要交付 4D 施工进度模拟。BIM 项目的交付内容能否满足项目需求是实施中的重点。

BIM 技术平台软件涵盖范畴广泛，不同生命周期阶段针对不同的专业和功能要求都有不同的软件配置。建筑工程建模、制图、存档方面常用的有 Revit、ArchiCAD。不同的软件平台制图效果会有所差异，本书提到的"BIM 软件"是以 Autodek Revit2016 为代表，以下提到 BIM 软件具体功能的描述如无特别提及都是以 Revit 为代表。就制图功能来说，Revit 平台可以交付的成果包括 PDF、AutoCAD 以及模型。Revit 模型通常称为项目文件，项目文件中会基于模型设置相应的图集，图集中的视图来自于 3D 模型的投影，明细表和注释信息则来自模型本身的信息。PDF 和 AutoCAD 文件都是这套图集的输出结果，通常这套图集内容的完整及合乎标准也是审核模型的一个重要组成部分。目前，虽然业主都开始尝试使用 BIM，但由于现阶段没有模型审批的标准，因此业主和审批单位依然比较看重制图。如果通过 BIM 模型生成的二维图纸不能达到传统 CAD 制图的要求，即是 BIM 项目的交付内容就无法满足项目需求。所以，制图这一项交付内容处理不好，可能影响整个项目 BIM 实施的效果。那么 BIM 模型到底能不能导出完全符合传统制图规范标准的图纸呢？

2.3 BIM 设计思维与传统设计思维

BIM 设计流程的一大优势体现在项目文件统一以及数据一致性，实现这样的设计流程的外在表征是新的软件平台的应用，而内在核心其实是新的设计思维和建模过程，而正是这些新思维及新过程决定了 BIM 软件平台无法导出完全符合传统制图规范的图纸。

（1）从空间出发 vs. 从平面出发

BIM 建模思维模式是从空间开始，综合考虑结构、立面总体造型与周围空间的衔接，再到门窗、家具、天花，在每个空间的生成过程中，相互校对，遇到问题及时修改，有利于系统考虑设计的合理性；传统设计过程是从平面出发，再到立面细节等，靠设计师在脑中想象整个空间效果，比较难具体而细致地考虑到方方面面。

（2）直观表达 vs. 抽象表达

BIM 建模过程的主体是三维构件，相应的平面、立面、剖面都是三维模型的一个二维投影图，彼此关联影响。优点是任何对三维构件的修改可以一次性反映到平、立、剖面，不用分开修改，并且轴线编号、水平标记、剖切线、立面标注等注解也是为模型的参数化注释而存在，与模型是相互联动的，提高了效率也降低了出错率；缺点是直接投影的图纸作为直观的表达结果，丧失了某些抽象性概括表达的能力，需按照约定俗成的制图标准对模型构件进行简化、转换或细节化。这个转化过程相对复杂及耗时，并且有时难以达到同样的效果。

（3）基于模型类别的数据结构 vs. 基于图层的数据结构

BIM 建模的构件是参数化构件，整个模型是一个整体的数据库。同一类别的构件作为一个整体在建模环境中被编辑和控制，比如墙体、柱、梁等都是不同的构件类别，类似于 CAD 图层的概念。所有三维构件都是富含信息的，与后期图纸图面上显示出来的注释、属性或图表是一体的，类似于数据库和端口，当数据库里存储了正确的信息，端口就能输出正确的内容。这与二维 CAD 软件中，注释标记乃至图表和主体相对独立可分别编辑的情况是完全不同的。这样的数据组织形式其实是更为合理和紧凑的，但同时也决定用户对模型的组织架构极为有限的编辑权限，与 CAD 制图过程中可以任意新建图层不同，Revit 导出的 dwg 文档图层分类会与系统默认的构件类别分类保持一致。这一点也是与传统制图标准格格不入的。

由此可见，BIM 设计思维的目的是帮设计人员更多、更好、更高效地完成设计。对于建筑工程行业，三维设计模式更接近设计的本质。在真实的三维空间中去表达设计，去推敲设计，去交流设计，以三维的方式去交付设计成果。但同时，作为模型图纸一体化的必然产物之一，以投影为原理生成的图纸，在获得直观性表达优势的同时，也确实牺牲了某些抽象化的特质，与传统制图成图效果产生了差异。这些差异的弥合有些需要对传统审批标准进行调整，有些需要对传统工作流程进行改进，有些是软件本身的缺陷，也有些确实不太适合某些设计实践，等等。总之，需要多方的合作、共同协作才能找出最佳实践方案。当然，使不同合作方加强交流沟通也确是 BIM 的重要精神之一。

2.4　BIM 流程责任分配矩阵

责任分配矩阵是用来对项目团体成员进行分工，并明确其角色与责任的有效工具。这里笔者借用这个概念阐释不同合作方在 BIM 的导入与应用中所应扮演的角色和负担的责任，新工作流程的实践必然需要多方的共同合作才能逐步实现。

2.4.1　业主方

业主对于 BIM 的导入与应用扮演着相当重要的角色，同时业主也是 BIM 的最大受益者。要在业主方缓解 BIM 出图的问题，首先要让业主弄清楚 BIM 出图的最终目的。"BIM 出图"的出发点和最终目的是什么？是用 BIM 软件来完成二维图纸交付，还是想通过借助 BIM 三维软件实现相对准确的图纸？很明显答案应该是后者，因为传统的二维图纸表达有着先天的二维基因缺陷，因此才想借助于 BIM 三维软件发现基因缺陷，弥补不足。如果业主想当然地认为用"BIM 出图"就能实现精确的二维图纸，这是对 BIM 概念的混淆。如果只是用 BIM 三维软件实现"BIM 出图"，但是不采取"多专业协同"，不把设计冲突和错误修正，"BIM 出图"根本没有意义。业主需要的并不是单专业图纸的精确，而是能做到多专业协同，并且反复校审。所以可以看出，实现精确设计的表达才是根本，不是"为了出图而出图"。设计顾问往往需要多次向业主提交设计成果，如果业主将重点放在精确的设计和各专业的协同上面，更多地容忍图纸的细节不太符合传统表达习惯的地方，无疑是大有裨益的。

另外，国内业主的地位远比国外的强势，对 BIM 应用的驱动效应更明显；但其需求的频繁更改，往往导致设计单位、施工单位等额外的 BIM 工作量；其对 BIM 管理的不熟悉，在某种程度上削弱了 BIM 应用动力。但设计单位工作成本增加和施工单位的变更利润等"灰色收入"缩减，却是必然的。同时国内项目很多是总价合同，设计单位和施工单位因为应用 BIM 导致的工时增加，甲方不一定买单。所以，很多情况下需要在政府工程中率先采用 BIM 技术，并对 BIM 工作进行补偿。

2.4.2　图纸审核部门

目前设计院交付的成果是"图纸"；图纸必须符合国家的二维制图规范和标准，二维制图规范和标准的制定都是基于当时的二维制图 CAD 工具设计的；如果没有基于三维软件工具的制图标准和规范，非要硬套二维出图的标准，只会出现两个结果：第一，有能力的设计院会采取能套进去的就套，套不进去的就不套的做法，这就是为什么有些大的设计院会说建筑专业实现了 90% 的 BIM 出图，电气专业实现了 60% 的出图的情形；第二，还是用二维设计，然后根据二维图翻模成 BIM。

只有改变现有的二维出图标准，建立"以三维模型为核心的出图标准和规范"，让二维图纸直接从模型中"切出来"；实现"三维模型"和"二维图纸"的一致性关联，摒弃不必要的二维标注化表达规范和标准；减少"二维"的工作量，给设计师"减负"，让设计师去主动"建模型"，而不是"画图纸"，设计院才有可能从根本上普及 BIM 三维设计，否则用 BIM 做设计永远是个伪命题。

目前国内 BIM 标准还在编制阶段。作为过渡阶段，继续沿用现行制图标准，为了保证出图效率，可以在不违背技术原则的情况下，对三维模型生成图纸适当放宽制图标准（因为有三维模型和关系数据库作为协助说明）；从长远角度，可以专门针对软件出图制订一套图纸规范，或者结合一套三维模型审查标准共同对建筑信息进行说明。

2.4.3　设计顾问方

设计顾问主要指建筑师在设计阶段开始导入 BIM 的设计管理流程，这部分涉及新的设计合作及管理方法，并且建筑设计的出错预防也由施工阶段提早至设计阶段，因此此部分对于建筑师的工作负担是增加的，需要投入较多的成本。多数建筑师认为 BIM 的导入对于事务所目前作业模式是负担的增加，同时建模操作软件不同，导致设计时间会更拉长。

任何事情都有其产生的本质原因，找到了本质的原因，就相当于解决了问题的一半。既然用 BIM 做设计，就应该是用 BIM 做三维设计，三维模型应该为主，二维图纸应该为辅；主、次逻辑关系应该明确。但目前现实情况恰恰相反，还是需要以二维图纸为主，三维模型为辅。因此，设计师作为 BIM 设计的最大的内驱力，根本没有动力去实现用 BIM 做二维设计，二维设计当然是 CAD 效率高，所以设计师不愿意选择一个三维软件去画二维图纸。现实中，很多设计院也是利用内部成立专门的 BIM 团队，针对设计师的二维设计进行 BIM 翻模。

设计顾问要缓解制图效率对 BIM 应用的影响，首先需要在设计思维方面进行转换，其次在软件使用方面也可以通过图纸标准化管理、最佳实践的总结运用等方法，来缓解制图效率对设计流程的影响。

2.4.4　施工方

BIM 技术在国内的发展需要适应中国建筑业目前的环境，将 BIM 软件应用于工程建设中还需要将施工情况纳入考虑，这并不只是一个软件应用的单一问题，而是一个关系到合同制订、工作流程、合作方法、责任关系的复杂过程。实际上，施工阶段的 BIM 应用效益比设计阶段容易实现。施工方更多的是利用 BIM 去解决实际中的碰撞问题，而不会把精力用到出图上面。

BIM 技术路线选择的工作最终都要归结为决定企业在各个相关专业或岗位上具体使用哪一个或几个 BIM 软件。在业主、设计和施工企业三类项目主体之中，比较而言施工企业由于本身岗位和专业种类多、需要使用的软件种类和数量多并且总体成熟度不如设计软件，所面临的 BIM 应用技术路线选择困难也要比业主和设计企业来得大。这里有技术的原因，也有非技术的原因，而非技术因素则最容易被忽略，需要引起正在计划开展 BIM 应用的施工企业的足够重视。

施工企业 BIM 应用技术路线选择的非技术因素包括专业岗位配合、项目特点、人员技能构成等企业内部因素以及业主要求、与设计企业配合、施工总包分包配合等企业外部因素两大类。企业选择 BIM 应用技术路线需要综合评估企业内部所有专业和岗位的需求，而不只是考虑某个专业或岗位的需求，对企业最合适的技术路线，不一定对每个专业或岗位最合适。BIM 是人的工具，因此企业人员的 BIM 能力构成和获取直接影响企业 BIM 应用技术路线的选择，人员不同，BIM 能力的形成和提高都需要相应的时间和资源投入。

为了促进 BIM 应用的开展，对 BIM 没有了解的业主，施工企业可以根据自身的技术路线向业主提出建议，随着业主对 BIM 技术应用的深入了解，业主为了协调所有项目参与方的 BIM 应用，一定会对每个项目的 BIM 应用规定相应的技术路线。同时需要和设计企业配合：施工企业的 BIM 应用技术路线与项目设计企业的技术路线匹配程度如何，从某种程度上决定了施工企业对设计 BIM 成果的应用可能和程度。

2.4.5　软件开发商

在 BIM 软件尚未非常成熟时，其图面表达及功能应用确实存在需要改进的地方。相比国外以 BIM 为平台的定位，国内现在对 BIM 主要作为软件来应用，对 BIM 的项目管理较少涉足。这是由国内工程软件的发展现状决定的。目前国内工程软件局限于工程量计算、套价等独立环节，解决的问题偏离散、技术性，难以满足集成化的项目管理和方案设计需求。同时围绕 BIM 的核心软件如建模软件、模型分析软件、设计模拟软件等，国内还在研发阶段，实际应用时需要从国外引进。短期内更符合中国国情的项目管理软件没有相应的技术基础和技术准备时间。BIM 要落地，最后是要落到工具即软件上的。目前国产平台和国产软件还不配套。国外的软件引进来后，由于标准和规范受限制，很多情况下也是难以落地的，这就急切需要有国产的、授权自主知识产权的平台和软件。

BIM 意味着海量二维数据的加工与三维数据的创建，对数据采集和处理有很高技术要求。但相比国外，国内建设行业的信息化基础还很薄弱。目前很多企业的数据采集仍然依靠人工查询、手动上传到系统。这种方法不仅周期长，而且精度低，对后续数据与数据的交互、数据与模型的对接也很不利。专家学者一致认为，每一个项目在全生命期应用 BIM

积累数据是非常可行的方法，但是还有很多技术需要突破。如果没有自己的平台，没有自己的大数据积累，就会有很多的安全问题。因为有些国外的平台是需要把信息数据存在国外的，这对生命线工程来说就会存在信息安全的问题。所以，从数据安全、信息安全和应用安全角度来考虑，都急切需要建立自主平台。这对软件公司来说是机遇也是挑战。

2.5　结论——图纸标准化管理及制图实践

由上述分析可知，在现今业主及审批单位仍以制图为重，并且缺乏模型审核标准的情况下，PDF 及 CAD 图纸交付仍是 BIM 项目的重要交付内容之一。BIM 软件平台由于先天属性与 AutoCAD 的巨大差异，导出的二维图纸往往需要大量规整或者根本无法达到有些制图标准的需求，这一设计施工新工作流程与旧审批标准的差异造成的成本及经营危机造成了某些业内单位对 BIM 技术应用仍持保留态度的局面。上文已对造成这一局面的深层原因进行了阐释，并从各个合作方的角度提出了建议。

以下将主要从设计顾问的角度对 BIM 软件平台的制图功能，以及与现行制图标准的结合程度进行具体解读，毕竟了解标准背后的含义并正确地使用软件是在不可控的大市场环境下一个可以控制并不断自我进步的重要方面。要充分发挥 BIM 软件平台制图方面的功能，就要深入了解软件建模过程与图纸输出关系，才能通过对图形显示属性具体而细致的设置，使模型投影视图能够在最大程度上满足工程制图图面表达的需求。当然，对于软件功能无法解决的差异（例如机电建模中 BIM 设计理念确实与传统流程大相径庭），又或者软件本身数据承载力的问题（例如结构建模中钢筋的录入），则应在实践过程中多方合作，不断地总结"最佳实践"流程，以期找到最佳解决方案。

本书以下将分为 3 个章节。第 3 章主要讲解有关 Revit 平台的图纸标准化管理方法，包含系统设置、图形显示设置、Revit 元件设置及信息输出设置 4 个范畴。接着 4、5、6 章分别为建筑、结构及机电的制图实践部分。制图实践部分不仅会对各专业 BIM 的应用进行总结，也会对比 BIM 设计理念与该专业传统工作流程的差异，最后结合现行标准对制图效果的异同、优劣进行对比分析说明。

第3章

基于 Revit 的图纸标准化管理

图纸标准化管理工作，是工程标准化管理的重要环节之一。所谓标准化，即是图纸输出效果的统一规划。图纸输出效果包含 3 个范畴：Revit 元件、该元件的图形显示设置及信息输出设置。Revit 元件即是 Revit 建模平台中的各种模型元件，比如墙体、天花、地板、轴线、标高、注释、文字等；元件的图形显示设置即是对这些基本元件在投影面或剖切面显示效果的定义，比如用来表达该投影面或剖切面的线型、线宽、颜色、样式、符号等。然后，信息输出设置会控制最终交付成果的输出格式和效果。当然，在所有这些表象之下，是系统设置中对建模环境的总体定义决定了该项目模型文件可以包含和输出的信息内容。因此，本节会从系统设置、图形显示设置、Revit 元件设置及信息输出设置角度对图纸标准化管理进行阐述。

另外，值得一提的是，每个 Revit 项目文件（Project）建立初始都可以选择一个模板文件作为项目文件框架。在实际应用中，不同公司都会有针对公司标准及国家制图标准定制化相应的模板文件，用来对不同区域、不同项目、不同合作方的建模过程、图纸输出进行统一规划。Revit 系统文件中自带两种模板文件，一个用于项目文件的建立，一个用于族文件的建立，文件扩展名都是 RFT。进行模板设置（Template）是每个项目初始阶段的必要步骤，图形显示设置、Revit 元件设置及信息输出设置都可以完全包含在模板文件中，只有系统设置的部分内容有时会选择在项目文件中实现。以下分类说明：

（1）系统设置（Overall System Setting）

系统设置可理解为对建模工作环境的总体定义，可概括为语言环境、坐标系统、共享参数、项目浏览器、文件共享 5 部分，是一切后续建模工作的基础。用内置语言包实现语言环境的转换；用坐标系来控制模型的协调综合，即坐标系（Project Base Point/Survey Point）及真北方向设置（Project North/True North）；用共享参数（Shared Parameter）管理项目所需而 Revit 又未有内置化的数据信息集；用项目浏览器（Project Browser）来组织管理视图及图纸；用中央模型（Central Model）和工作集（Worksets）来实现文件共享（File Sharing）。

（2）图形显示设置（Graphic Display Setting）

图形显示设置是对各模型元件的分类及显示效果的定义。在模型元件分类及子分类（Categoties & Sub-category）的基础上，对各分类部分在投影面及剖切面的表达进行定义，包含线宽（Line Weight）、线样式（Line Pattern）、颜色等。同时，由于通常一个模型元件会同时被多个控制器定义，其最终显示效果还受控制器显示优先等级的影响。以下按控制器优先等级由弱到强列明：对象样式（Object Style）、可见性设置（Visibility/ Graphic Overrides）、管道/风管系统（System Type）、阶段设置（Phases）、过滤器（Filter）、替换图元（Overrides Graphics in View）、设计选项（Design Option）。优先级强的设置会优先表达，比如墙体在过滤器及对象样式中的设置有所不同时，过滤器里的定义就会在图面中优先得到表达。

（3）Revit 元件设置

Revit 通过参数化的机制来控制管理模型元件间的逻辑关系，这些关联关系一部分是软件系统自身预设的，而另一部分则是建模者视需要而赋予的，定义这些关系的数值或特性就称为参数，而元件就是这些数值和特性的载体。Revit 元件可简单分为模型元件、基准元件和视图特有元件（见表 3.1）。在任何时候去更改模型中的任何元件，Revit 的参数设置会自动协调整个专案模型相关部分的自动变更。比如当楼层饰面高度变更时，所有关联的墙体、天花、通风口、筒灯、消防头等都会根据之前定义的相对高度下降或上移以保持符合设置的空间关系，同时这一变化也会反映在所有相关联区域（包括平面视图、立面视图、剖面视图、明细表等）中。错误的 Revit 元件设置会对项目文件产生负面影响：比如导入引用不同共享参数文件的族会造成 Revit 元件属性显示混乱，因此应确保所有项目有一个统一的共享参数文件；又或者当导入的族包含过于庞杂的子分类时，会影响族在平立剖面中的图面表达，等等。因此，在进行模板设置前需分析哪一些 Revit 元件应该包含在内，这些元件应该包含一些什么信息，而这些信息的图面表达形式应是怎样的。

表 3.1　Revit 元件

模型元件 Model Elements		基准元件 Datum Elements	视图特有元件 View-Specific Elements	
主体族 Hosts	可载入族 Loadable Components		注解元件 Annotation Elements	详图 Details
墙 Walls 楼板 Floors 屋顶 Roofs 天花板 Ceilings	楼梯 Stairs 窗 Windows 门 Doors 家具 Furniture	轴网 Grids 标高 Levels 参考平面 Reference Plans	文字注释 Text Notes 视图标签 View Tags 模型标签 Model Tags 符号 Symbols 尺寸标注 Dimensions	细部线 Detail Lines 填充区域 Filled Regions 2D 详图组件 2D Detail Components

（4）信息输出设置（Export & print setup）

信息输出设置，主要用来控制不同格式信息输出的相关设置，包含 CAD、PDF 以及明细表的输出。

3.1 系统设置 (Overall System Setting)

系统设置是对工作流程中语言环境、坐标系统、项目参数、项目浏览器、文件共享的统一定义，是一切其他设置的基础。

3.1.1 语言界面转换

Revit 2016 中默认存在多种语言包，可实现部分语言之间的转换。右击 Revit 图标，选择属性对话框，点击快捷方式中的"C:\Program Files\Autodesk\Revit 2016\Revit. exe/language ENU"，将 ENU 进行相应的修改即可进行语言界面转换（简体中文 -CHS；繁体中文 -CHT；英文 -ENU）。

需要注意的是，此语言界面只能转换操作界面的语言，无法自动翻译项目文件中新建类别或参数的名称。比如新建的墙体类别的名字是"Concrete Wall 200 mm"，语言转化后该类别会保持之前的名字，而不是自动转化成"混凝土墙 200 mm"；又比如已经在视图中输入的英文注释，也会保持输入时的语言类别；英文的字体类别也必须手动转化成中文格式才能正确显示。因此，语言界面的设置需在项目开始阶段就决定，并在整个项目周期中保持一致，不然就会出现操作界面语言混杂的局面。

3.1.2 坐标系设置 (Coordinates System)

Revit 的坐标设置通常在项目文件中实现，但也可在模板文件中给予一个默认值以供后期用户修改。Revit 坐标系因为牵涉地理坐标、链接文件等，比较复杂。理解 Revit 坐标系首先需要理解 4 个概念：测绘点 (Survey point)、项目基准点 (Project base point)、真北方向（True North）以及项目北方向 (Project North)。

（1）测绘点

这个概念主要与宏观范围的地理位置定位有关，比如国家标准测绘平面控制点、保护植被控制点、人井控制点等，总之只要是土木测绘中显示对这个项目至关重要的控制点都可以设置为项目文件的测绘点。这个概念在使用链接文件时特别重要。通常，被链接项目文件放到主项目文件时，它们的测绘点需要重合，一个项目文件可以有多个测绘点。

（2）项目基准点

这个概念与项目本身息息相关，所有项目文件中的对象坐标都基于该基准点。一个项目有且只有一个项目基准点，可以是主要网格轴线的交点、结构墙体交点或其他。

（3）真北方向

地球坐标北方向，所有项目的真北方向都是一样的。

（4）项目北方向

项目朝"上"的方向。项目北方向与真北方向可以相同，也可以不同。当不同项目文件之间进行链接时，由于项目北方向与真北方向不同，链接文件可能需要旋转。

Revit 在使用过程中往往需要对大量来自不同部门的模型进行整合协调，确保各模型文件在主模型里面保持正确的位置非常重要，以下介绍几种模型整合的场景，以加深对 Revit 坐标系中各个概念的理解。

1）场景一：一个地点包含多个项目

不同项目模型需要独立建模，但所有模型都共享同一个大地坐标系，意即各建筑模型拥有相同的测绘点、不同的项目基准点及不同的真北方向。

解决方案：确保各模型文件的测绘点坐标及真北方向设置正确，链接文件时使用以共享坐标系链接（By Shared Coordinates）命令，如图 3.1 所示。

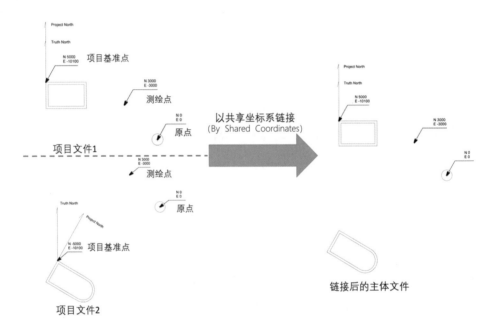

图 3.1　使用共享坐标系链接项目文件

2）场景二：一个项目包含多个地点

同一项目模型需要被重复链接进一个主体文件多次，但位置不同。比如一个民用小区包含多个完全一样的居民楼。

解决方案：因为项目文件之间没有共享的坐标系，链接后的主体文件就需要确定使用哪一个的坐标系。Revit 提供两种不同的方式统一坐标系：一个是获取坐标（Acquire Coordinate），即主体文件从链接文件上获取坐标系；另一个是发布坐标（Publish Coordinate），即主体文件发布自己的坐标系到链接文件，链接文件的坐标系将被改为主体文件的坐标系。如图 3.2 所示，发布主体文件坐标到同一链接文件，分别存储为 BLK2 和 BLK3，当这一项目文件经过修改需要再次链接进主体文件时，选择以共享坐标系链接，Revit 会自动弹出画框询问需要将链接文件与哪一个坐标系对齐。

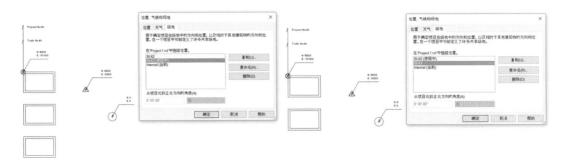

（a）发布主体文件坐标到项目文件　　　（b）选择相应的共享坐标系定位项目文件

图 3.2　发布主体文件坐标到项目文件

3）场景三：一个项目包含多个专业模型

同一栋建筑的结构、建筑、机电模型分别由不同顾问完成，然后链接到主体文件中进行空间整合及分析。这一情形极为常见。通常，不同顾问会在项目初始阶段确定项目基准坐标点，然后在主体文件中以项目基准点坐标系链接，如图 3.3 所示。如果在项目前期未达成统一标准，也可用场景二中获取坐标／发布坐标的方法重新定义模型坐标系。

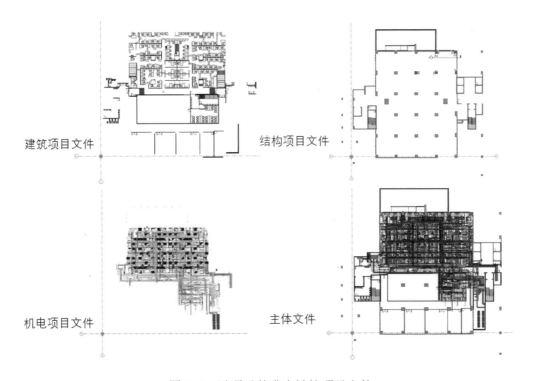

图 3.3　以项目基准点链接项目文件

3.1.3 共享参数（Parameter）

Revit 中的参数可分为 4 大类：族参数（Family Parameter）、项目参数（Project Parameter）、共享参数（Shared Parameter）、内置参数（Build-in Parameter）。Revit 中的参数是实现参数化设计非常重要的一部分，直接影响建模阶段信息输入和制图阶段信息输出（各种明细表及标记）的范畴，可以说直接决定了建筑信息模型在全生命周期使用的广度和深度。如果说 Revit 模型是一个数据库，则各种参数就决定了这个数据库需要包含什么样的数据，而参数的类别就决定了数据与模型构件的关联方式和输出方式，因此是项目模板文件设置中重要的内容之一。表 3.2 简单列举了上述 Revit 参数的特点。

表 3.2　Revit 中的参数类别

参数类别	可创建 / 引用模型文件	特　　点	图　例
族参数	族文件	在族文件中创建；把族文件载入项目文件后，族参数不能出现在明细表或标记中，也就是说在用明细表进行统计或标记注释时无法使用该参数	图 3.4
项目参数	项目文件	项目参数特定于某个项目文件；通过将参数指定给多个类别的图元、图纸或视图，图元可包含该参数信息，并用于在项目中创建明细表、排序和过滤	
共享参数	族文件项目文件	共享参数可用于多个族或项目中；将共享参数定义添加到族或项目后，可将其用作族参数或项目参数；共享参数被定义在 Revit 之外的一个共享参数文件（.txt）中，因此受到保护，不可更改；可以标记共享参数，并可将其添加到明细表中	图 3.5
内置参数	族文件	族文件模板中自带参数，由系统自动创建；用户不可以修改和删除，但可以重新命名；可在明细表及标记中出现	图 3.6

图 3.4　族参数无法出现在明细表和标记中

图 3.5　共享参数可出现在明细表及标记中

图 3.6　门族文件中的厚度是内置参数

共享参数被定义在 Revit 之外的一个共享参数文件（.txt）中，删掉这个文件，共享参数就会丢失。因此，在模板文件设置中，共享参数定义的最终结果就是产生一个 .txt 文件，作为模板文件的一个部分供后期项目文件及族文件重复使用。共享参数可以被标记，也可以添加到项目表中。一个项目应该有且只有一个共享参数文件，否则会导致项目文件和族文件的参数显示异常。

项目参数与共享参数的主要区别在于：前者特定于单一项目文件，不能与其他项目共享，后者则可同时用于多个项目和族文件中；前者存储在项目中，而后者存储在不同文件中（不是项目或族中，而是一个独立的 .txt 文件）。使用方面，与可导入族相关的参数设置需要引入共享参数概念；而只与项目有关的参数设置则可以使用共享参数也可以使用项目参数，因为将共享参数定义添加到族或项目后，本来就可以用作族参数或项目参数。基本上，共享参数的使用范围及功能远大于项目参数，所有项目参数可以实现的功能共享参数都能实现，而共享参数可以实现的注解及引入族参数功能则是项目参数无法做到的。

使用时需要考虑两点：首先，需要在族文件还是项目文件中使用该参数。如果是要定义新的族参数，并需要在项目文件中标注及建立明细表，就只能使用共享参数；如果该参数可以在项目文件中建立，则需要考虑该参数需要出现在多个项目中还是单一项目中，如果只在单一项目中使用则可选用项目参数，而如果该设定具有更高的普适性，需要推广到所有项目中，则可使用共享参数。

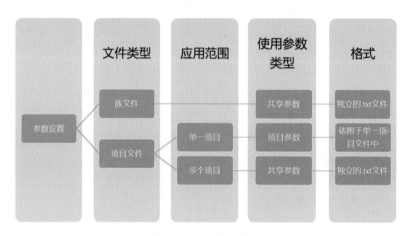

图 3.7　参数的使用

下面以定制化项目浏览器及工字型钢梁尺寸明细表的建立方法为例，来进一步阐述共享参数的使用方法以及与其他类型参数的异同。

1）场景一：定制化项目浏览器

通过设置项目或共享参数定制化项目浏览器，是参数应用中较为普遍的实践之一，用来管理组织项目浏览器中大量的视图、图纸等。此场景中可使用项目参数也可使用共享参数设置，决定因素是该参数是否需要在不同项目中重复使用。这里以项目参数形式进行设置。

进行参数设置的目的是对项目浏览器进行合理的组织管理，以提高工作效率及方便文件管理。因此，需要设置什么样的项目参数、需要几个参数，应该通过分析项目浏览器的组织方式来确定。项目浏览器的组织方式会因项目需求而异，灵活调整。这里假设需要将其分为两个层级，"规程"和"子规程"，以此说明项目参数的设置及使用方法，具体应用会在下节详述。

项目参数设置在项目文件中管理面板下的设置选项中实现。选中项目参数命令，分别增加参数"规程"和"子规程"，确保在参数编辑器中勾选类别"视图"（Views）及"图集"（Sheets），这一设置可确保该参数会出现在相应的类别对象的属性栏中。

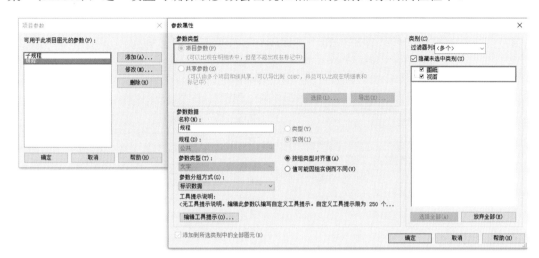

图 3.8 定制化项目浏览器——定义项目参数

完成设置后，打开任意视图，可发现其属性栏中出现"规程"及"子规程"选项，选中任意图集文件亦然。选择各视图及图集，在属性栏中定义其"规程"及"子规程"属性（见图 3.9）。

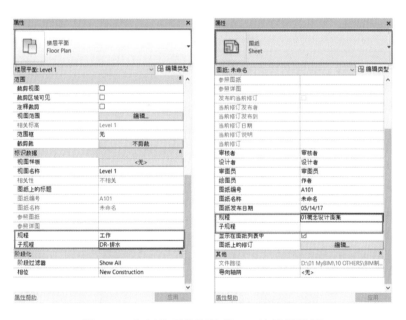

图 3.9 定制化项目浏览器——编辑属性栏

不过检查视图浏览器后会发现浏览器依旧呈现初始的默认设置状态，意即 Revit 并没有以这两个新加入的参数为标准对浏览器内容进行规整，原因是虽然这两个参数已存在于系统中，但 Revit 并未知用户希望用这两个参数来对浏览器内容分类组织。在视图选项卡的用户界面控制面板中选择浏览器组织（Browser Organiztion），新建类别"浏览器二级分组",然后该类别的编辑器会自动弹出,在"成组和排序"(Grouping and Sorting)中以先"规程"后"子规程"的排序方式定义分组条件。再次检查视图浏览器,就会发现视图及图集都根据输入的"规程"和"子规程"属性重新进行了排列。

图 3.10　定制化项目浏览器——浏览器组织属性

2)场景二:制作工字型钢梁的宽度和高度明细表

族文件中包含大量族参数,但如表 3.2 所示,族参数只存在于族文件或项目文件的类型编辑器中,用来驱动族各种属性的变化,并不能用于明细表和标记注释,简而言之,族参数的信息无法统计输出。只有 Revit 系统默认的内置参数可以直接用于明细表统计和模型标识,这种设置的合理性在于,作为软件开发商,无法面面俱到、巨细靡遗地预测所有项目中需要输出的参数,便只对最具普遍意义的参数进行了内置化。但是在实际应用中,因为项目本身的不同需求,各种信息的输出、分析、标识是必须的,而且这也是业界对 Revit 推崇备至的原因之一。针对这个问题,解决方法是使用项目参数定义一个以项目需求为核心的新的参数集,也即是一个不同于 Revit 内置参数集,完全定制化的新的参数集。这个参数集中的参数起到桥梁的作用,用来读取族参数中的内容并使其显示在明细表和模型标识中。下面以实例进行说明。

在工字型钢梁的族文件里添加共享参数,第一次新建共享参数系统会要求提供一个文件路径,然后对参数进行添加并分组。共享参数的设置可以非常复杂,关系项目的方方面面;也可很简单,只需满足客户的特定要求。如图 3.11 所示,新建一个"BIM 制图 _ 共享参数"文档,并添加一个结构参数集,两个参数分别是宽度和高度。

图 3.11　建立共享参数 txt 文件

打开钢梁族类型编辑器，选择添加共享参数，输入文件路径检索到"BIM 制图 _ 共享参数"txt 文档后，可从中选择宽度和高度两个项目参数并添加到钢梁族中，之后若需接着添加其他项目参数，Revit 会自动通过同一文件路径检索到这个 txt 文档如图 3.12 所示。接着使用公式使添加的项目参数可以读取族文件中族参数值，即宽度（共享参数）=b（族参数），高度（共享参数）=d（族参数）。b 和 d 是钢梁族文件建立时新建的族参数，并不存在于项目文件中，因此 b 和 d 在项目文件的明细表和模型标记中是无法直接显示的，在这里是利用共享参数读取族参数信息，在族文件与项目文件间搭起了一座桥梁。

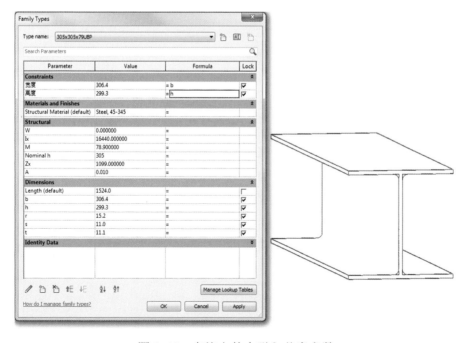

图 3.12　在族文件中引入共享参数

将包含项目参数的族导入项目文件中，就可以建立钢梁明细报表，如图 3.13 所示。

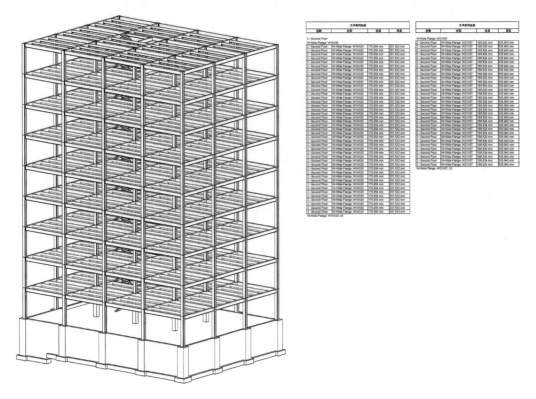

图 3.13　利用共享参数在项目文件中建立明细表

由此可见，对于 Revit 模型的数据管理，共享参数文件的建立至关重要，因为 Revit 虽有基本的内置参数设置，在实际项目运用确实是远远不够。共享参数可理解为建筑信息模型的数据库，一个完善有条理的数据库结构既可以方便信息的输入，也可确保信息的正确导出。这个数据库应该包含什么样的信息应该在项目前期就有大略的框架。比如，这个信息模型的最终目的是项目后期设备的运营维护管理，则共享数据集的建立要考虑有关设备各种参数的加入；又或者模型的建立主要是为了辅助材料送检及灯具测试的，则有关材料及灯具方面的参数设置就需要进一步完善。

共享参数在实现众多功能的同时，也带来相当多的不确定因素，比如命名不规范、不统一，参数信息难以传递；或从公司层面统一内部标准；或在行业内展开合作，由软件厂商与行业组织一起商讨敲定，内置于构件；又或者从政府层面出发，牵头以新的软件平台制订相关标准，业界内各部门则以自适应的方式共同进化，都是值得探讨的问题。

3.1.4　项目浏览器 (Project Browser)

项目浏览器位于视图选项卡中用户界面功能的下拉菜单中，勾选该选项，项目浏览器就会出现在工作界面中。它集合了所建项目的各种视图、图纸和明细等信息，是建模过程中使用较为频繁的工具之一。正确设置项目浏览器会对规范化建模流程、提高制图效率起到积极的作用。上一节中已经详细说明了怎样通过项目参数对项目浏览器进行定制化的分类和排序，鉴于每家公司都会有相应的设置及规范，本节只以两种实际项目中用到的分组排序方式为例，进一步说明项目浏览器的实际应用。

1）场景一：模型用于各阶段的图纸输出

图纸输出可简单分为 4 个阶段，概念设计阶段（Concept Design Phase）、方案设计阶段 (Schematic Design Phase)、扩初设计阶段 (Design Development Phase) 再到施工图及合同时阶段 (Construction Document Phase)。基于项目的规模和进行时间，项目后期项目浏览器中有超过一百个视图也是常事。哪些视图用于工作、哪些视图用于图纸输出以及用于哪一个图集的图纸输出，都是设置项目浏览器时需要考虑的问题。因此，此场景中的视图和图集都需要根据项目阶段进行分组。视图可分为 4 个"阶段"工作：概念设计—扩初设计—施工图及合同；而图集在此基础上再根据图号输入自动排序其中的图纸。

同时，由于用于图纸输出的视图含有大量注释、说明、图表等信息，如果这样的视图再用来进行模型更新，会极大地影响工作效率：试想你需要隐藏大量的标高、尺寸、房间名称去正确地选择到楼板并进行编辑，又或者完成编辑后显示标注信息时发现一大段说明被不小心删除而无法显示，都会极大地影响工作效率。因此，工作视图与输出视图需要分别管理。

综上所述，输入视图及图纸的项目阶段到"规程"属性，在浏览器组织中选择以"规程"分组和排序。相同阶段的视图对应相同阶段的图集：比如"工作集"下的视图只用于模型更新、设计方案推敲；设计基本完成后复制该视图，将复制版放入视图的 "设计图集"中再进行标注及说明文字添加，图面内容完整后再放入图纸的同一 "设计图集"中。如模型有任何修改都只在"工作集"下的视图中进行，再到视图的 "设计图集"中检查并更新注释信息，而图纸中视图也会相应更新。循环往复这个工作流程，直到图纸中视图全部达到出图标准，再用打印集的方式一次性打印整个图集。

2）场景二：模型用于施工阶段机电综合模型的图纸输出

如该模型主要用于机电综合设计，考虑到建模和工作共享的需求，可将工作层级中的视图再分为 8 个"专业"：AC- 空调、PL- 给水、DR- 排水、EL- 电气、FS- 消防、TG- 煤气、SEC- 安全、CSD- 综合管线。选择任意视图，在属性栏的"子规程"栏中输入其专业属性。在浏览器组织中选择先"规程"再"子规程"的逻辑分组和排序。

检视项目浏览器，可发现视图的第一层"阶段"目录下出现了第二层"专业"子目录，工作视图被分为空调、给排水、消防等不同专业，以方便进行不同专业机电类别的独立设计和综合协调，也使后期建模制图流程更加方便高效，如图 3.14 所示。

图 3.14　定制化项目浏览器

3.1.5　文件共享 (File Sharing)

文件共享是 Revit 系统设置中的另一重要组成部分。一个建筑设计过程不可能由一个人来完成，而是需要结构、建筑、空调水暖电各专业的协同工作。就算只是建筑设计部分通常也需要一个以上的设计师，负责不同建筑的不同部分。比如对于高层建筑，可能会分为地下层、地面层、标准层；又或者是高端商铺，则可能会分为前场、后场。随着设计的不断深化，人员分配会越加细致，甚至到每一个灯槽、消防头、门扇等都由不同的承包商负责。于是 Revit 的文件共享解决方案"中心文件"（Central File）应运而生。要理解中心文件的含义和各种行为模式，就需要了解 Revit 的文件共享机制。

1) Revit 文件共享机制

Revit 的项目文件可根据共享状态分为中心文件和本地文件（local file），中心文件存放于公司服务器，每个项目相关人员都应该拥有访问权限；而本地文件则存放于每个设计人员的本地电脑中。所有有关模型的操作都在本地文件中完成，而中心文件只是用来实现各本地文件的汇总和分享。图 3.15 所示的是一个以建筑顾问为主体的文件共享机制。

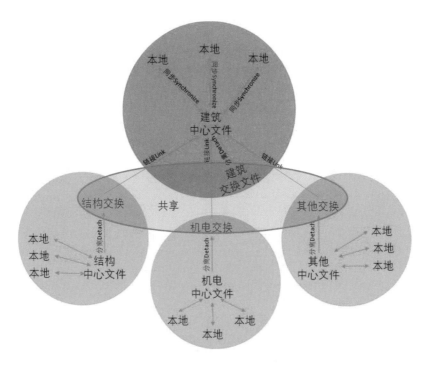

图 3.15　以建筑顾问为主体的文件共享机制

（1）中心文件和本地文件

小圈表示各顾问内部的模型共享自成一体，均是以中心文件为主，负责不同设计内容的设计人员通过 "同步"命令，上传本地文件内容，再下载其余本地文件上传到中心文件的内容，以实现文件的共享。这个步骤在不同公司内部实现。

（2）中心文件和交换文件

公司之间并不会使用同一个中心文件，一方面是因为不同公司通常不会使用同一个服务器；另一方面也因为不同专业若使用同一个中心文件会给文件带来巨大负担，使得工作过程中模型反应很慢；最后还有责任权限方面的问题。因此，不同公司间主要运用 "交换文件"来实现信息共享。"交换文件"由最新的 "中心文件"分离获得，分离后的 "交换文件"拥有"中心文件"里的全部模型信息，但其与"中心文件"之间的链接已断开，因此不会影响"中心文件"的编辑及运作。获得"交换文件"后将其链接到主体"中心文件"，在图示中即为建筑中心文件，再由此建筑中心文件分享"交换文件"信息到各设计人员的"本地文件"中。

（3）交换文件共享

需要注意的是，各部门间由于权限问题不可以直接编辑对方的中心或本地文件，比如建筑部门不可以随便修改结构梁柱，结构部门也不可以随便修改机电部门的管线布局。各部门间仅通过"交换文件"实现信息共享，以链接方式实现模型交互。当然，交互的前提是各模型文件如上节所述使用相应的坐标系设置，不然就需要手动对齐。

2）工作集和动态编辑

由此可见，Revit 文件共享的核心就是中心文件。中心文件的建立涉及另外一个概念——工作集（Worksets）。工作集可理解为同一属性元素的集合，即对项目文件中模型构件进行逻辑上的对象编组，在同一时间只能有一名用户对该组进行编辑。工作集通常与具体的职责范围相对应，如不同建筑设计专业（外形、框架、室内、天花等）或物理特征（主体、翼楼、出租部分等）。设计人员可占用一个工作集独立工作，也可以根据其他项目人员所做的变更来更新工作集。完成自己的工作后，将工作集退回中心文件，取消对工作集的控制。

如若同一工作集中存在共享部分，则可应用 Revit 的动态编辑功能，使多个项目人员在同一个工作集中工作。所谓动态编辑，完全由 Revit 系统自身实现。比如：如果一个项目人员的工作可能导致某个构件发生变化，Revit 首先会检查是否有其他用户正在编辑该构件，如果该构件"无人占用"，Revit 将自动把它分配给该用户，这时候其他用户无法编辑该构件。如果该构件已经分配给其他人，Revit 会给这个用户发送一条信息，询问其能否让第一个用户借用此构件，以便进行修改。如果可以，Revit 会将构件的所有权重新分配给请求方；如果不可以，Revit 会拒绝这个请求，并发送信息将情况告诉第一个用户。

工作集限制了多个项目人员改变一个构件的可能，给多个本地文件同时运行提供了方便；动态编辑又使同一工作集中的工作共享成为可能。当然，工作集的好处不止于此，它还可以辅助可见性控制、模型权限控制等功能。虽然工作集好处多多，但如果设置混乱，工作大量交叉，则项目人员需要不停地"借用图元和请求编辑"，会极大地影响工作效率。

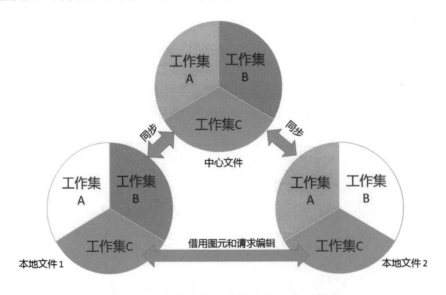

图 3.16　中心文件和本地文件中的工作集

工作集的设置需要在项目启动前就经项目成员讨论决定。设置原则取决于项目规模，并且根据不同的项目类型、启动时机、参与人数，工作集的划分也不尽相同。以下是一些划分工作集的基本原则以供参考，如图 3.17 所示。建立工作集后的项目文件在第一次存储时会默认为中心文件，放在服务器上的正确位置供其他项目组人员使用。

小型项目（参与人员 1~2 人）

• 可采用默认工作集划分；应用动态编辑命令实现工作共享。

中型项目（参与人员≥3 人）

• 工作集尽量反映建筑项目的明显划分位置：比如按楼层分组划分或结构构件分组划分；又或者在平面上按温度缝、抗震缝或者沉降缝自然划分，等等。
• 或者按项目的专业划分：结构、建筑、水暖电等。

大型项目（人数不限，多为建筑群或大型公共设施）

• 可考虑将建筑分为独立的建筑模型，每个建筑模型再根据建筑专业及工作流程划分工作集。

图 3.17　工作集划分基本原则

中型项目中按楼层分组划分工作集实例如图 3.18 所示：

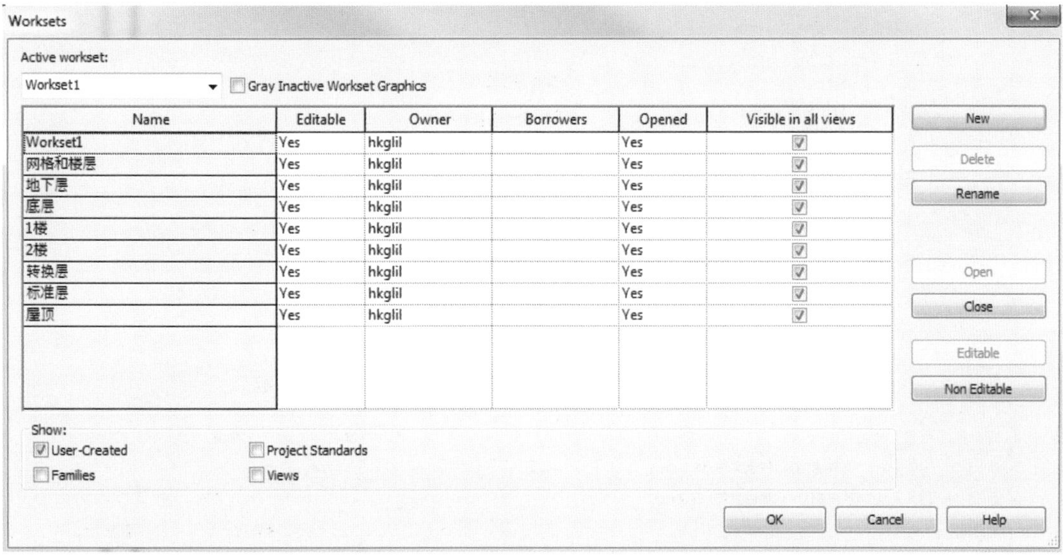

图 3.18　中型项目中按楼层分组划分工作集

3）模板文件和种子文件

工作集和中心文件在实践中应用广泛，但是模板文件中并不能进行工作集设置。换句话说，当引用模板文件新建项目文件时，无法直接开启文件共享功能，也无法导入工作集设置。这对很多公司来说，都是一个局限，因为大多数 Revit 项目都是用文件共享模式来实现整个工作流程，并且规范化工作集的设置，很多时候也是公司 Revit 标准的一部分。

实际应用中的一个方法是用"种子文件"代替"模板文件"。Revit 中的模板文件的文件后缀是.RTE，新建项目文件的文件后缀为.RVT，通过选中相应模板文件可以在新建项目文件时导入一些标准化的设置。而"种子文件"本身是一个项目文件，使用方法与模板文件不同。模板文件用于开启新项目，需要通过引用导入标准设置；项目文件则只需要打开即可使用。

"种子文件"的建立有如下几个步骤：

①引用相应的模板文件建立项目文件，设置工作集实现文件共享。

②存储项目文件到服务器中的正确位置，这个步骤中该项目文件存储后会被默认为中心文件，存储时将其命名为"种子文件"。

"种子文件"的引用实际就是中心文件移位的步骤，简单概括如下：

①将"种子文件"复制粘贴到服务器的正确位置。

②打开"种子文件"，对话框下方"新建本地文件"功能被禁用，原因是中心文件位置被移动。接着打开文件，会有提示信息警告中心文件的位置已改变。

③成功打开文件后，选择"存储为"命令，在"选项"对话框中勾选"存储为中心文件"（见图 3.19）。

图 3.19　将种子文件存储为中心文件

④存储完成后，关闭文档。再次开启文档时会发现"新建本地文件"命令被激活，显示该中心文件已可以正常使用。

"种子文件"的使用关系到"中心文件"移动和再存储，在实践中屡有使用，是否并入公司标准则因人而异。

(a) 重新存储为"中心文件"前　　　　　(b) 重新存储为"中心文件"后

图 3.20　通过中心文件建立本地文件

【学习测试】

问题 1：测绘点与项目基准坐标点的含义及区别是什么？

问题 2：一个项目文件可以有几个测绘点和几个基准点？

问题 3：真北方向与项目北方向的含义及区别是什么？

问题 4：如果各模型的测绘点及真北方向设置正确，链接文件时在定位选项应该选择哪种链接方式？

问题 5：主体文件如何获取链接文件的坐标？反之，链接文件如何获得主体文件的坐标？

问题 6：族参数、项目参数、共享参数及内置参数中，哪一个不能用于明细表统计及标记注释？

问题 7：项目参数与共享参数的含义及异同是什么？

问题 8：共享参数的文件格式是什么？

问题 9：如果是需要在多个项目中使用的参数，应该定义为项目参数还是共享参数？

问题 10：项目浏览器内容的排序和分类应该以什么为标准？

问题 11：项目浏览器的内容可以在哪个功能选项卡的界面中修改？

问题 12：中心文件和本地文件的概念和区别是什么？

问题 13：工作集的建立应该以什么为标准？

问题 14：模版文件和种子文件的概念和异同是什么？

问题 15：分别简述以模版文件和种子文件建立中心文件的步骤。

3.2 图形显示设置(Graphic Display Setting)

模型分类 / 子分类及线宽、线型设置是图形显示的基础，它们定义了模型的基本组成部分、每部分显示的基本样式。但 Revit 的图形显示控制功能远不止这么简单，它们互相影响、相互制衡，共同决定了图纸输出的最终效果。以控制优先级从低到高排列如下：对象样式＜可见性＜管道系统 / 风管系统＜阶段设置＜过滤器＜替换图元＜设计选项。以下一一介绍。

3.2.1　模型分类及子类别（Categories & Sub-categories）

模型分类及子分类是 Revit 组织管理模型构件的基本框架，通过子分类设计人员可控制同一类模型分类中不同族的显示内容及表达方式。项目模板或族模板中都有默认的模型分类及子类别，新的子类别可以在项目文件或族文件中的对象样式对话框中添加，或是通过导入族到项目文件中。由于子分类的定义及使用与族的建立密切相关，因此具体建立方法会在 Revit 元件设置中详述，这里重点说明其基本使用方法及工作原理。下面以门族为例进行说明。

图 3.21 所示为 4 种类型的门，在视图选项卡下选择"可见性 / 图形"设置面板，然后在可见性的门选项中可以查看所有门类别的子分类，而对象样式中则会对不同子分类进行单独的定义。

图 3.21　可见性设置及对象样式中门类别和子分类

　　比如编号为 2 的子分类框架 / 竖挺（Frame/Mullion）在对象样式中定义为绿色，则在立面中由绿色实线表达。又比如编号为 4 的嵌板（Panel）子分类，在平面和立面都表达为深蓝色实线。图 3.22 所示为子分类定义及对应平立面的图面表达。

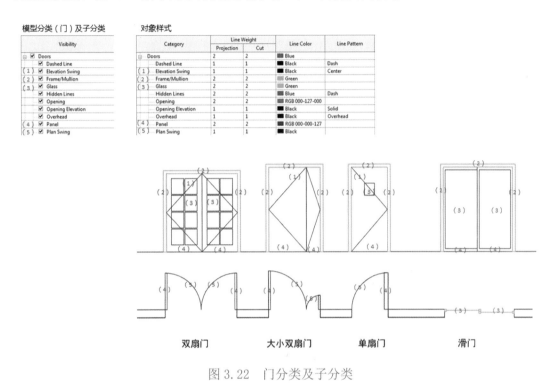

图 3.22　门分类及子分类

　　需要注意的是，子分类定义的是模型构件的线宽、线颜色、线型图案及材质，任何模型构件，不管是 3D 的几何构件还是 2D 的符号线都可包含在内。比如门族中嵌板子分类的表达，由于平立面表达的不同需求，嵌板子分类在平立面中分别代表了不同的模型构件：平面中，嵌板子分类代表的是表示门扇厚度的符号线，呈 90° 开启；而立面中该子分类代表的则是门扇的几何体，呈关闭状态。这种符号线和几何构件混合使用的现象在族文件的建立中颇为常见，原因是图面表达往往并非体现真实的状况，比如平面要求门扇呈开启状态，而立面则需要呈关闭状态，虽然这在习惯表达中并没有什么特别，但在三维空间中就显现出不一致性，因此就需要符号线和几何构件的混合使用来满足不同视图的表达需求，如图 3.23 所示。后文在 Revit 元件章节会进一步说明。

　　在族的建立过程中，建立逻辑清晰的子分类类别，并将模型构件按此逻辑正确分类是控制图形显示的基础。尽管子分类功能强大且应用广泛，但如果使用不当也会造成巨大的麻烦。还是以门为例，其子分类的定义相对简单，基本是沿用了 Revit 族模板的默认设置，比如嵌板、门摆、框架 / 竖挺、立面门摆等，每一个分类都简单明了并极具概括性。这也是模型子类别建立所需遵守的原则之一，合乎逻辑、概括性强，并且具有普适性。由此可想，如果没有仔细的规划和有效的控制，每个人都以自己的原则或是为了临时的方便，任

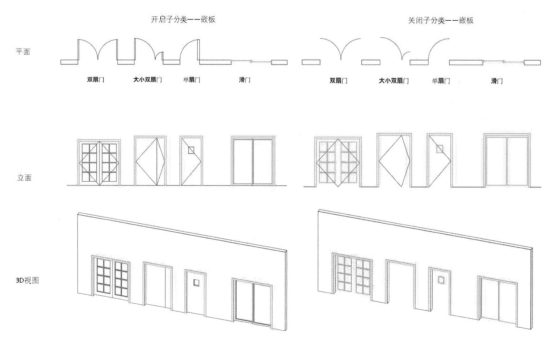

图 3.23　子分类嵌板在不同视图的显示效果

意地增加或删减子分类，会造成多大的麻烦以及文件的冗余。

比如特殊功能族，这个族类别涵盖范围极广，打印设备、电话设备、自动贩卖机等，不一而足，在实际应用中又屡有出现，Revit 的默认族模板中也未有太多子分类设置，是最可以自由定制化的族之一，往往在建立过程中就会引入大量不需要的子分类。又或者从制造商或分包商手中接手的第三方族模型，不同公司间标准各异，如果不对接手的族文件进行检查清理而直接导入项目文件，也可能引入大量不规范子分类并产生冗余的工作流程。

Revit 的本质是个共享的工作平台，多人工作、多部门合作、跨区域共享都是常态，子分类的建立并不是为了给个人提供方便，而是供整个团队以至于整个公司使用。有关子分类的定义及使用是模板设置的重要内容之一，通常都会根据公司标准进行指定，而且只有特定团队可以进行增减及改动，一般设计人员应该只拥有使用族文件及子分类的权限，以方便对模型构件的控制。

3.2.2　线宽线型（Line Weights & Line Patterns）

如上文所述，Revit 通过模型类别及子分类对项目文件中的模型构件进行了详细的归纳和分类，以后阐述的所有设置都是以这个巨大框架为基础进行的。比如这节中需要讨论的线宽线型设置，也是在模型类别及子类别的基础上控制模型构件投影面及剖切面的线型、线宽、颜色、样式的。Revit 出图有两种设置，一是导出 CAD，一是打印作 PDF。两种方式得到的最终效果都与传统 CAD 得出的成果大相径庭。最根本的原因在于 Revit 是基于单一模型来进行图纸输出的，所有图层控制、线宽线型都是基于单一模型，并满足不同比例状况下图纸输出的需求；而 CAD 是更倾向于由一系列图层及相应的线宽线型来定义图纸中的模型元件。一个是由模型控制输出，一个是由输出控制模型，出发点不同导致了工作流程及设计方法的不同。

1）线宽

在 Revit 管理选项卡（Manage Tab）设置面板（Setting）下的其他设置（Additional Setting）内，可以打开线宽设置选项。线宽设置界面可以对模型线、透视视图线以及注释线线宽进行设置。如图 3.24 所示，所有模型线的线宽设置都不是一个固定值，而是随比例而发生着变化。图中所示乃是一条线宽标记为5的墙体剖切线，其在比例1∶10～1∶500的线宽设置值分别为 1 mm，0.7 mm，0.5 mm，0.35 mm 和 0.25 mm，图例中可明显看到线宽值随着图形的缩小而不断变小。因此，当用 Revit 模型进行 PDF 打印输出时，最终的图面结果会因为比例的不同而显示出差异。这种不同于 CAD 的设置方法正是为了适应 Revit 新的模型管理输出思维。当一个墙体模型构件在 Revit 中被建立后，它可能出现在 1∶20 的图纸输出中，也可能出现在 1∶500 的图纸输出中，因为在所有的可能范围内很难找到一个合适的数值满足所有比例图纸的输出。

再以图 3.25 浴室平面为例进一步说明 Revit 线宽控制系统的意义。墙体剖切线在对象样式中设置线宽值为5，不同比例平面对比可看出线宽设置的作用。1∶10 图面中墙体剖切线显示宽度为 1 mm，1∶20 及 1∶50 图面中线宽值略小为 0.7 mm，　但已可以明显

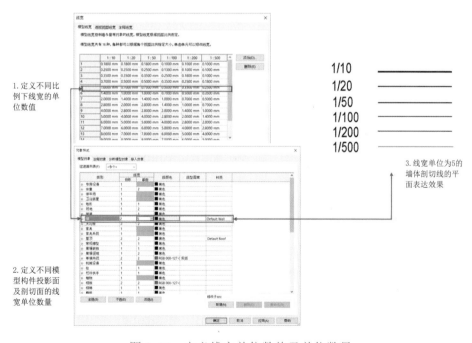

图 3.24　定义线宽单位数值及单位数量

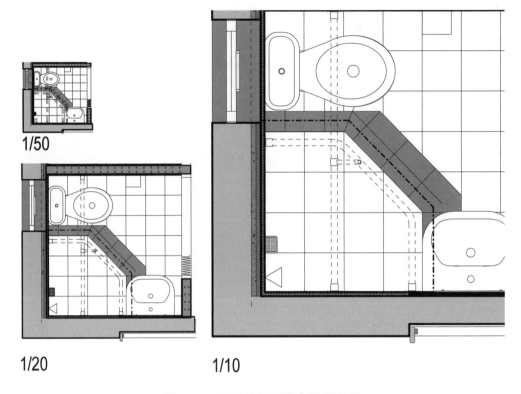

图 3.25　不同比例下线宽设置示例

看出当前比例线宽值已影响到墙体饰面层的表达，如果线宽是被一个统一数值控制，比如 1 mm，这种情况会更加严重。当然，1：20 及 1：50 图面并不需要显示墙体结构细节，Revit 也有相应的设置来控制比例与图面复杂程度的关系，如图 3.26 所示。这个例子很清晰地解释了 Revit 线宽设置背后的逻辑。

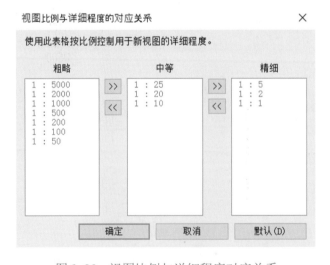

图 3.26　视图比例与详细程度对应关系

线宽表也可进行相应的调整来满足项目的需求，如图 3.27 所示，当线宽 5 在 1 ∶ 20 比例下的设置宽度值被调整为 0.18 后，图面效果得到了极大的改善，饰面层、隔热层都可以清晰显示，这个线宽在随后的 PDF 打印中会显示出同样的效果。

线宽 5（1 ∶ 20 时线宽值 0.7 mm）　　　　　　线宽 5（1 ∶ 20 时线宽值 0.18 mm）

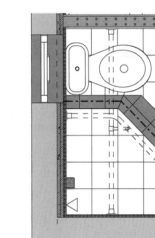

图 3.27　不同线宽值图面效果对比

2）线型

在 Revit 管理选项卡（Manage Tab）设置面板（Setting）下的其他设置（Additional Setting）内，可以打开线型图案设置选项。线型与线宽设置的逻辑本质相同，即在独立的线型编辑器中设置所有线型，再在对象样式中对模型构件的投影线和剖切线进行定义。线型的定义方法也十分简明直观，如图 3.28 中所示画线的定义方式，分别定义虚线和空格的长度即可。

需要注意的是，线型输出时，如果打印 PDF，则"输出即所见"；如果导出 CAD，则需要设置 PSLTSCALE=1，以确保线型在不同比例的正确输出。有关 AutoCAD 导出设置详见信息输出设置章节。

另一个有关线型的讨论是，可否将文本或符号包含进线型定义中。比如在综合机电图中，习惯上会用包含文本的线型来表达不同的管线类型，消防喷淋水管会在线型中加入 SPR 字样，便溺污水管则会加入 SWP，等等。实际应用中，在详图构件族编辑器中用线性排列的概念定义线长及字体排列是可以达到同样的效果的，但这样建立的线型本质上是一个 2D 的族文件，并不能像一般线型一样被模型构件直接引用，因此使用上诸多不便。并且这种特殊线型主要应用于机电设计图中，而用详图构件定义的"线型"是无法直接被系统类型引用的，设计人员也不可能在模拟完成机电模型后再用详图构件进行平面绘制以求单纯地满足制图需求，这与应用 Revit 的初衷背道而驰。因此有关这个讨论，答案是可建

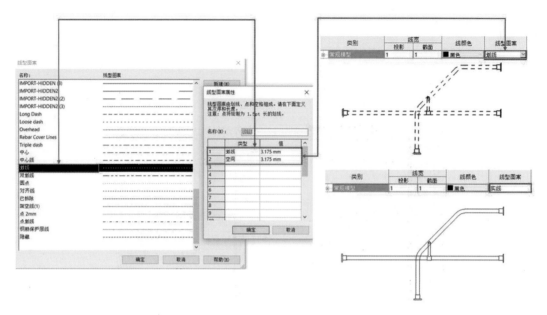

图 3.28　线型图案设置及图示效果

立包含文本或符号的详图构件族线型，但使用范围与详图构件相同，可放置于部分视图作为信息补充，无法在机电建模中广泛使用。图 3.29 为线型详图构件在项目文件中的最终效果，创建方法参见 Revit 元件设置章节。

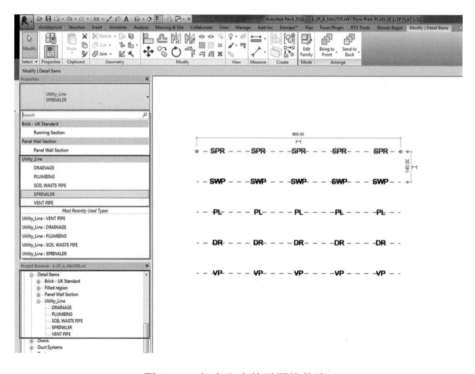

图 3.29　包含文本的详图构件族

3.2.3　对象样式（Object Style）& 可见性设置（Visibility/Graphic Overrides）

对象样式是 Revit 系统中对图纸中构件线宽线型的最低等级控制，但其设置会影响整个项目文件里的模型构件的表达；可见性是比对象样式优先等级高一级的线宽线型控制，意即当同一模型构件的线宽线型在对象样式和可见性都进行了设置时，可见性里的设置会优先显示。但可见性设置的影响范围只限于当前视图，不会影响该构件在其他视图的图面表达。

对象样式设置位于 Revit 管理选项卡设置面板（Setting）下，可见性设置则是 Revit 可见性 / 图形设置面板（Visibility/Graphics）下的一个功能面板。如图 3.30 所示，当墙体剖切线线宽在对象样式设置面板中被设置为 6 时，可以明显看到所有视图中的墙体轮廓显示为粗黑实线，一次设置即应用到所有视图。

接着如图 3.31 所示，打开比例 1 ∶ 10 的模型视图，在可见性设置中将墙体的剖切线设置为宽度值为 3 的实体线，可以看到有且只有 1 ∶ 10 视图中的墙体剖切线变细，而其他视图中墙体剖切线显示效果不变。由此可见，在模板设置中可以先于对象样式控制模板中对模型构件的投影及剖切线进行总体的定义，对于某些有特殊显示要求的视图可分别在可见性中进行设置，比如家具在平面图中显示为实体黑线，在天花图中显示为实体灰线等，再制作成相应的视图模板，不仅可以重复使用提高工作效率，还可以规范建模过程和出图效果。

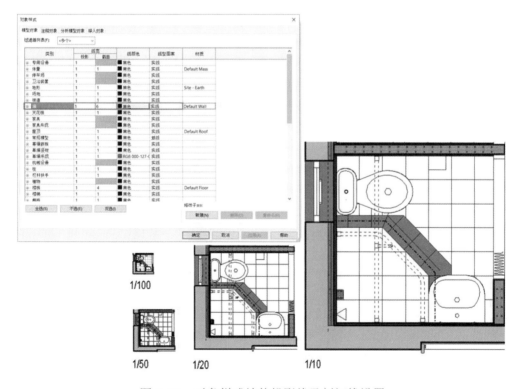

图 3.30　对象样式墙体投影线及剖切线设置

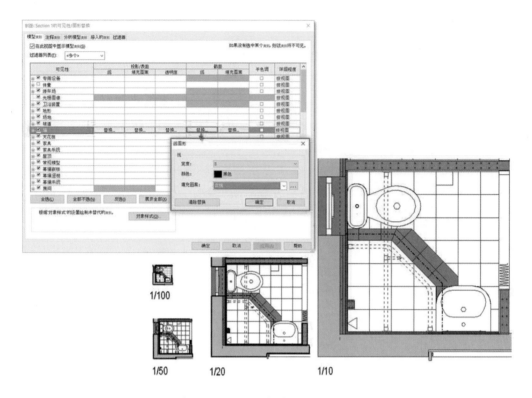

图 3.31 可见性设置中墙体剖切线替换设置

3.2.4 管道系统 / 风管系统（System Type）

管道及风管系统设置属于 MEP 建模范畴，是对管网的流量和大小进行计算的逻辑实体，可以结合布局工具为连接系统构件的管道、风管确定最佳布线。管道 / 风管系统的创建及设备计算不是本节的讨论重点，这里只针对图形显示部分对管道及风管系统功能进行讨论。管道及风管系统设置的控制优先度高于对象样式和可见性，可以用来对不用机电系统的线宽、线型及颜色做设置。Revit 有默认的管道 / 风管系统类型，比如卫浴系统在默认情况下就分为 3 种类型，即家用热水系统、家用冷水系统和卫生系统，也可创建自定义的系统类型。只需要到项目浏览器中的族菜单中选择展开管道 / 风管系统下拉菜单，再在某个现有系统类型上单击鼠标右键，即可以"复制再重命名"的方式创建新的系统类型。完成类型创建后，在项目文件中选中任意管道或风管系统构件，如一段风管、一个风机等，任意连接系统的一部分，然后在属性栏中定义其系统名称，则整个系统回路都会被设置成使用一个系统类型。

如图 3.32 所示，图左管道系统下拉菜单中已罗列了一系列根据项目标准命名的系统类型；图中平面中的不同系统类型则显示出不同的线型及线颜色；图右系统浏览器则用来检视项目文件中机械电气、配管等系统的组织与架构。选中消防水系统中的一个分支，相应部分则在模型中高亮显示，由于该支管并未与主管连接，因此 Revit 显示其为一个分开的系统，并且流量计算值也为空。

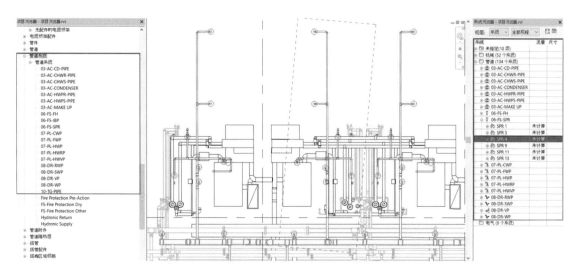

图 3.32 系统设置

系统设置控制面板包含图形替换、材质、计算、缩写和升／降符号等系统参数，其中图形替换及上升／下降符号与图面效果最为相关。图形替换可定义系统显示的线宽、颜色及填充图案，如果无替换则使用对象样式的默认设置，而在对象样式中所有管道及风管都是基于统一的模型元件设置标准的，意即所有管道系统都是黑色实体线显示，所以如果需

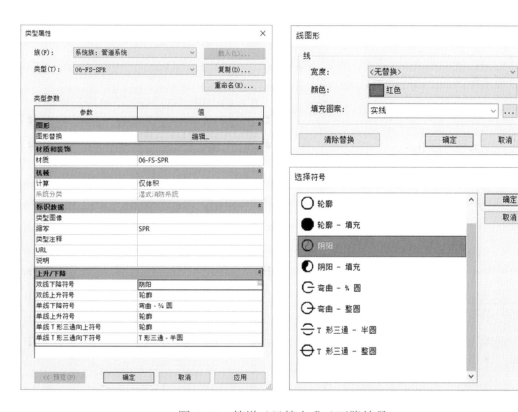

图 3.33 管道／风管上升／下降符号

要用颜色或线型区别不同系统，就需要使用到系统类型设置。上升 / 下降符号分为单线及双线模式，因为在 Revit 中不同的细节程度模式会影响该视图中模型元件的显示方式。比如管线在精细细节模式下会显示为双线，而在粗略和中等细节模式下则会显示为单线。如图 3.33 所示，可对上升 / 下降符号进行简单的定义。后文的机电制图实践部分会对风管及管道模型构件上升 / 下降符号的显示方式作进一步说明。

3.2.5 阶段设置（Phases）

阶段设置的优先级高于对象样式、可见性和管道系统，主要用于表达每个模型构件在整个设计生命周期中所处的时段，并可以使用阶段筛选控制该模型构件是否需要显示在视图和明细表中。如果需要输出拆卸平 / 立面（Demolish Plan）、新建区域控制平 / 立面（Demarcation Plan)等与模型构件生命周期有关的视图或图纸,使用阶段设置是最好的选择。

Revit 用一种非常巧妙的方式来定义和表达项目的生命周期，并非简单地定义每一个模型构件的时段为现有的、新建的、拆毁的、未来的，而是用定义时间关键帧的方式将每一个构件和视图的时段映射到项目生命周期时间表上。项目中的每个模型构件都可以定义其 "创建阶段"（Phase Created）和 "拆除阶段"（Phase Demolished）；而每个视图都可以定义其 "阶段"（Phase）和阶段过滤器（Phase Filter）。两者相互作用，决定了最后图纸的输出效果。比如一面墙的 "创建阶段" 是 "现有"，拆除阶段是 "新构造"，而所在视图的 "阶段" 是 "新构造"，"阶段过滤器" 定义图面需要显示 "拆除 + 新建"，则该墙体在该视图的显示状态为 "已拆除"；如果过滤器定义图面只需显示 "新建"，则该墙体不会在该视图显示。灵活应用模型构件及视图的阶段定义，则可以在同一模型的基础上按需求输出其不同阶段的各类图纸。

现在以一个简单的二次扩建项目来说明阶段设置的应用。项目分 3 个阶段，现有、新建以及未来扩建,最后的图纸输出包括拆卸平面、新建平面、扩建完成平面,如图 3.34 所示。

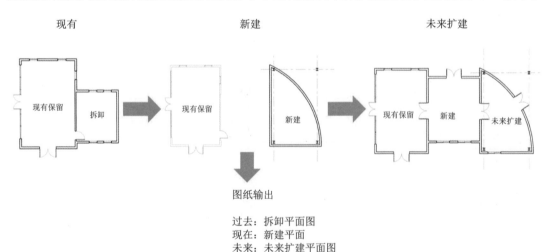

图 3.34 项目阶段示意

　　如图 3.35 所示，图面中的模型构件需要呈现 4 种状态：现有（保留）、现有（拆除）、新建、未来扩建。Revit 阶段设置在管理面板下的"阶段"编辑器和属性对话框共同实现。图 3.35（b）罗列了模型构件和视图的相关设置以及输出时的图面效果。比如拆卸平面，选中模型构建，在属性对话框中将模型构件的创建阶段设为"现有"、拆除阶段设为"无"，即模型的阶段状态为"现有（保留）"；若将模型构件的创建阶段设为"现有"、拆除阶段设为"新建"，则模型的阶段状态为"现有拆除"；同样的道理，将模型构件的创建阶段设为"新建"或"未来扩建"，拆除阶段设为"无"，则该模型构件的阶段状态为"新建"或"未来扩建"。带有阶段属性模型构件在视图中的显示效果，不仅同模型构件的阶段状态有关，也同视图的"阶段"和"过滤器"设置有关。打开用于输出的视图，在属性规划框中将视图的"阶段"设为"新建"，"过滤器"设为"原有+拆除"，则表示该视图所处阶段为新建，显示内容为原有及拆除的模型构件，也即前文提到阶段状态为"现有（保留）"和"现有拆除"的模型构件；最后一步图形输出则在"阶段"编辑器中进行，为了清晰显示，现将"现有保留"剖切位置以粗灰实线显示，"现有拆除"以粗红虚线显示。

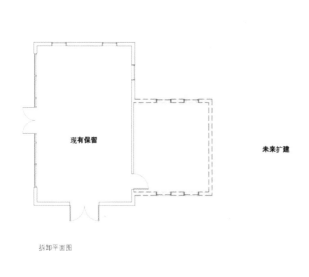

拆卸平面图

（a）

定义模型构件的'创建阶段'和'拆除阶段'		
模型构件状态	创建阶段	拆除阶段
1. 现有保留	现有	–
2. 现有拆除	现有	新建
3. 新建	新建	–
4. 未来扩建	未有扩建	–

定义视图的'阶段'和'过滤器'		
视图状态	阶段	过滤器
拆卸平面	新建	显示原有+拆除
新建平面	新建	显示原有+新建
未来扩建平面	未来扩建	显示全部阶段

定义视图图面表达				
Phase Status	Projection/Surface		Cut	
	Lines	Patterns	Lines	Patterns
Existing				Hidden
Demolished				Hidden
New				
Temporary				

（b）

图 3.35　模型构件阶段设置

　　图 3.36 为拆除平面显示最终效果，并且如果将立面和 3D 视图的"阶段"和"过滤器"进行同样设置，可以获得拆除立面及拆除 3D 视图。

　　如图 3.37 所示，由上至下依次为现有平面、拆除平面、新建平面和未来扩建平面。由此可见 Revit 可以在一个模型的基础上通过阶段定义输出不同阶段不同需求的图纸，是现阶段标准制图中使用较少但极具潜质的一个功能。如前所述，由于该设置优先级高于对

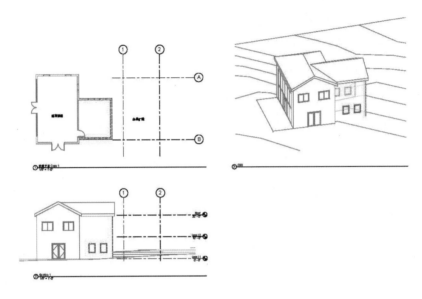

图 3.36　拆除平面、立面及轴测图

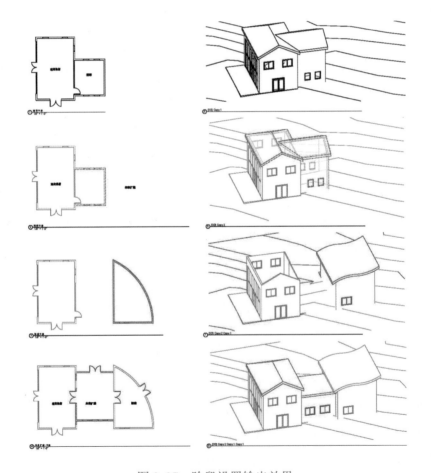

图 3.37　阶段设置输出效果

象样式及模型类型，因此在下图的拆除、新建及未来扩建平面中模型原有的设置效果被阶段设置所覆盖，黑色剖切线根据不同设置分别变成灰实线、红虚线、蓝实线。在 CAD 输出过程中还可加入图层修改器，在模型类别及子类别的基础上以"阶段设置"为标准对图层进行再分类。当模型涉及管道 / 风管系统时，阶段设置也可覆盖管道系统颜色设置，以阶段显示优先。

3.2.6　过滤器（Filter）

过滤器的过滤功能可以针对模型构件的各种属性进行批量选择及编辑，在项目实际应用中非常广泛，不仅是制图方面，在协作分析、设计合作中也被频繁应用，可以说是非常具有探索价值的一个功能。同时，过滤器优先等级高过对象样式、可见性、管道系统以及阶段设置，因此任何在过滤器中的设置都可以覆盖在前 4 个功能面板中的设置，并且过滤器设置也只作用于当前视图，不会影响该模型构件在其他视图的图面表达。

与之前介绍的可见性设置一样，过滤器也是 Revit 可见性 / 图形设置面板中的一个功能。过滤器，顾名思义，把条件进行过滤、批量选择及再定义，基本上所有能想到的逻辑关系都可以用来作为批量选择的条件，比如所有深度超过 1 500 mm 的梁、所有显示比例为 1 ∶ 200 的剖切符号、所有坡度超过 1 ∶ 12 的斜坡、所有直径超过 200 mm 的开洞、所有某一种型号的灯具，等等。根据设计或制图需要确定批量选择的条件之后，就可在过滤器设置中将这些条件要求用逻辑公式表达出来，而符合该公式的模型构件就会从庞杂的项目模型中被挑选出来并归入同一组别，然后就可以针对该组别进行图面表达的定制化。下面以墙体厚度及防火时效的过滤器设置来进一步说明。

1）场景一：墙体厚度过滤器

本节将用墙体厚度为例，说明过滤器功能的使用。如图 3.38 所示，图面是一个住宅楼的标准层。现在需要使用过滤器功能使图面可以直观表达出墙体厚度分别。

进行过滤器设置需要经过 3 个步骤，提出问题、限定类别，再限定条件。如图 3.39 所示，左边栏提出选择条件并命名过滤器，因为目的是通过墙体厚度进行过滤，所以直接用墙体厚度命名，如 Wall 200 代表厚度为 200 mm 的墙体选择集，以此类推，建立 Wall 250、Wall 300 等选择集；中间栏限定类别，即选择过滤条件使用的模型构件类别，在这个例子中即是墙体；右边栏限定条件，用逻辑公式表达选择条件，即是厚度等于 200。以此类推，完成所有过滤器的设置。

然后回到可见性 / 图形设置面板中的过滤器选项，如图 3.40 所示依次添加设置完成的过滤条件到过滤器，并根据项目要求进行图面表达的定制化，最终成果如图 3.41 所示。

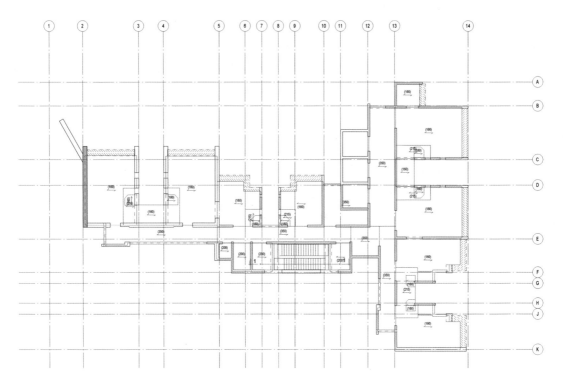

图 3.38　住宅楼标准层平面图

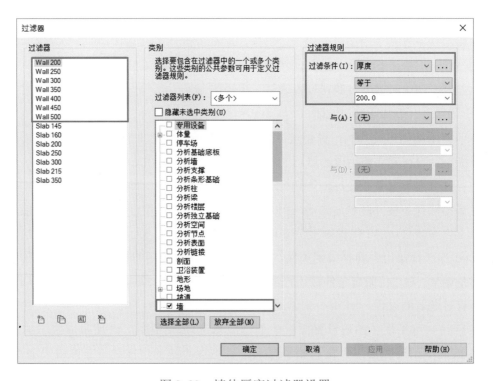

图 3.39　墙体厚度过滤器设置

图 3.40　对墙体厚度过滤组别进行图面定制化设置

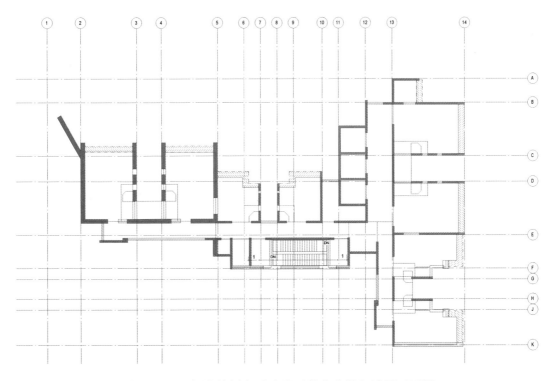

图 3.41　添加墙体厚度过滤器后的住宅楼标准层平面图

2）场景二：墙体防火时效过滤器

有关防火时效过滤器的建立略为不同，当然同样需要经过 3 个步骤，提出问题、限定类别，再限定条件。唯一不同的是墙体厚度是模型构件自带属性，只要建模时有建立墙体，模型构件本身就自带厚度属性，不需要进行其他设置，而防火时效不同，建立墙体模型构件后，需要定义墙体的防火时效，不然该数据在过滤器或图表中都不会有数值显示。Revit 只能输出和分析建模过程中正确导入的数据。每个设计过程都有成千上万可以输入的数据，因此必须明确针对不同项目，确定哪些是需要包含的信息哪些是可有可无的，并且严格控制数据输入准确性，不然就给后续工作带来无穷无尽的麻烦。

Revit 内置防火时效参数（Fire Rating），在类别参数设置（Edit Type）中的识别标志参数（Identity Data）选项下。在项目文件中选择 400 mm 厚度墙体模型构件，打开类别属性编辑器，将识别标志参数下的防火时效参数输入作 3 小时，如图 3.42 所示，以此类推将 300 mm 厚度墙体的防火时效设置为 2 小时，而 200 mm 厚度的墙体则设置为 1 小时。这里并不代表真实情况，仅为示意。实际应用中可将具有不同防火属性的墙体新建为不同类别，并设置相关属性。在过滤条件设置中新建 3 个类别来代表不同的防火时效墙体类别，分别是 Fire-rated 1 hour、Fire-rated 2 hours 和 Fire-rated 3 hours，中间栏类别设置选择墙体，然后在限制条件中选择防火时效属性，逻辑公式定义为防火等级分别等于 1 小时、2 小时和 3 小时如图 3.42 所示。

图 3.42　墙体防火时效过滤器设置

然后回到可见性/图形设置面板中的过滤器选项，如图 3.43 所示依次添加设置完成的过滤条件到过滤器，并根据项目要求进行图面表达的定制化，最终成果如图 3.44 所示。

图 3.43　对墙体防火时效过滤组别进行图面定制化设置

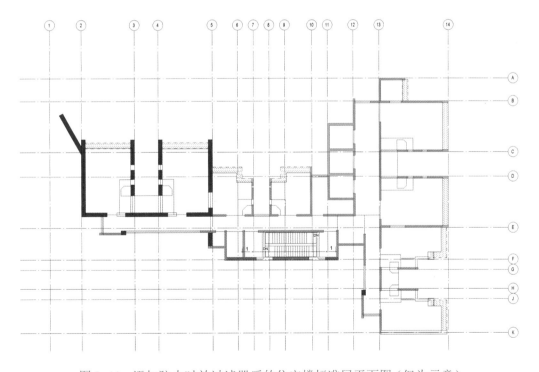

图 3.44　添加防火时效过滤器后的住宅楼标准层平面图（仅为示意）

由上述实例可见，正确严谨的数据输入和灵活的过滤器使用对项目协作与图纸输出提供了无限多的可能性。

3.2.7　替换图元（Override Graphics in View）

替换图元的控制优先度较过滤器更高一级，主要用来替换某个或某为数不多的图元的线宽、线型。这个设置通常不会包含在项目模板文件里，例如当针对整个图集的对象样式、可见性以及过滤器已经在模板文件里设置完成，而个别图纸需要根据客户需求输出成演示平面时，只需要建模人员在项目文件里根据各项目具体要求替换部分图元，就可以在不影响总体设置的情况下满足图纸的输出需求。又或者在进行三维模型的综合协作时，应用替换图元的方式，使三维模型更加清晰明了、表达美观。

如图 3.45 所示，选中需要替换的模型构件，右击鼠标选择替换图元选项，即会出现图元替换对话框，对话框中包含模型由表皮到剖切面的线型、样式、颜色、透明度等设置，可根据项目要求进行选择设定。

经过梁图元替换成浅灰色并设置透明度为40%后，这一视图环境中的楼板、梁、柱被调节为半透明状态，以方便呈现天花板上方风管的走向以及排风状况，并同时清晰地表达其与结构构件之间的位置关系。需要注意的是，因为替换图元功能只会影响单一视图，且优先度高于过滤器和可见性设置，一旦使用替换图元，模板文件里的标准设置就会被替换掉，因此要谨慎使用，以免影响图纸整体的标准化管理。

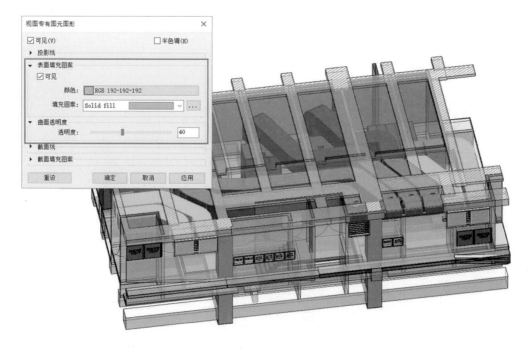

图 3.45　替换图元对话框

3.2.8　设计选项（Design option）

设计选项严格来说并不算图形显示范畴，因为这项功能并不能直接对模型构件的输出效果造成影响。它主要用于保留多种设计直到做出最终选择，而某一特定视图中可以通过设置决定需要显示哪一个设计选项。因此，设计选项虽不能定义单一构件的显示效果，它却决定了图面最终需要输出的方案选项。比如当前入口设计包括马蹄形拱门、复形拱门、尖拱门及洋葱形拱门等多种选项，通过设计选项设定则可以控制输出图纸的最终选项是哪一个。从这个方面来说它的显示优先级是最高的。需要注意的是，设计选项功能设置也不包括在项目模板文件设置中，它的主要功能是在项目进行过程中保存不同的设计方案。

设计选项的复杂程度各不相同，小到上文所说的入口设计方案、家具的不同布局，大到屋顶的结构系统或整栋建筑的表皮结构等。通常随着项目的不断推进，设计选项的集中化程度会越来越高，操作也会更有针对性。下面以一个楼梯设计为例，说明设计选项的应用。设计选项 1 楼梯两边为玻璃栏杆，选项 2 楼梯两边为玻璃墙。在决定最终方案前项目文件中都需要保有两个设计的信息，以便随时输出平立剖面及 3D 效果图（见图 3.46）。

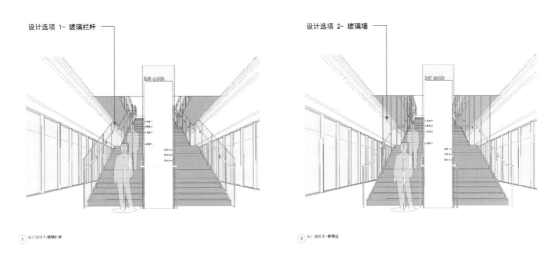

图 3.46　楼梯栏杆的两个设计选项

先根据设计需求对其中一个设计选项建模，在此例中首先建立玻璃栏杆模型。然后在管理选项卡的设计选项面板中新建选择集"楼梯设计选项"，并在选择集下新建两个设计选项，主选项"玻璃栏杆"及次选项"玻璃墙"。回到模型界面，选中玻璃栏杆并添加到选择集中，添加时确保两个设计选项都已经被勾选。完成这个步骤后，会发现在原有的模型界面已无法再选择该模型构件。点击模型界面右下方"激活设计选项"的下菜单，会发现之前新建的两个设计选项。在主选项"玻璃栏杆"中保留原有模型，到选项"玻璃墙"中，按另一设计选项要求对模型进行修改。完成玻璃墙选项的建模后，回到模型界面，会发现界面自动显示主选项模型（见图 3.47）。

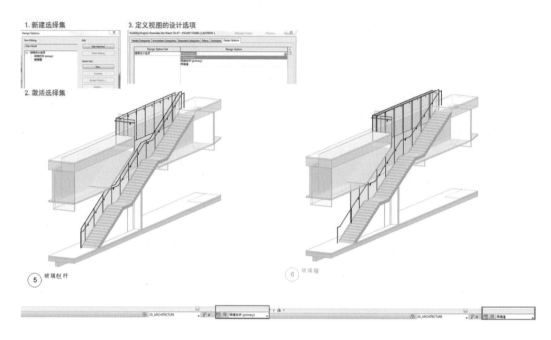

图 3.47　激活选择集并定义设计选项

　　考虑到图纸输出或设计选项对比演示的需要，可以对界面显示的结果进行设置，使其恒定显示某一个选项的效果。复制视图（平立剖透视图），在可见性设置面板中选择设计选项编辑器，编辑器中会罗列所有已经建立的设计集。左边竖列为设计集名称，右边竖列下拉菜单控制显示选项。默认的"自动"选项表示显示主选项设计结果，相应地，选择其他次选项就可控制界面恒定显示某一个设计结果。对各视图进行设置，确保每一个主选项视图对应一个次选项视图，然后将所有视图拖入图集，效果如图 3.48 所示。

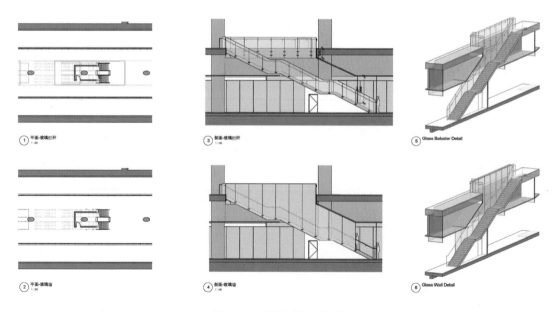

图 3.48　两个设计选项

设计选项功能强大，但也有自己的局限，使用时应有一定的策略。在制订设计选项的使用策略时，应该要考虑的有以下几点：

（1）"接受主选项"功能和备份文件

点选设计选项中的"接受主选项"功能意味着设计选项的最终选定，一旦使用该功能，所有次选项模型构件及视图都会被一次性清空，并且该命令不能被取消。因此"接受主选项"前强烈建议保存备份文件。

（2）其他保存设计选项的方法

设计选项的优点是模型统一管理，保存不同设计选项时只复制模型的部分内容并进行改动，优化的模型尺寸也节约了服务器空间。随着设计的深入，虽然一方面设计选项的使用会更集中化，即改动牵涉的模型构件范围会越来越小；但另一方面也有可能包含越来越多的细节，即模型构件的内容、复杂程度及尺寸都会日渐增大。比如建筑表皮设计，随着设计深化，材料、单位尺寸、连接构造、细部设计都会逐渐深化，在这种情况下，也可以使用链接文件的方式，用额外的链接文件来保存不同的设计选项，需要对比研究时只需链接不同的文件即可。

（3）设计选项和软件性能

如前所述，设计选项的使用减少了"保存为"功能的使用，总体来说，文件的尺寸是较小并更为合理的，但当一个项目文件中包含过多并过于复杂的设计选项时，软件的运行性能也是可能受到影响的。因此，哪些设计选项保存在同一项目文件中，哪些使用链接文件保存，哪些使用 "保存为"功能保存，是一个平衡各方需求的综合答案。

3.2.9　视图样板（View Template）

由上述有关图形显示设置的叙述可知，Revit 构建了一个全面的视图控制系统，各种设置相互关联并且遵循一定的优先级逻辑。为了确保同一类型的图纸都可以显示出一致的图面效果，也为了保证工作流程的快捷有效、便于共享，实践中多使用创建视图样板的方式批量控制视图样式，使其符合不同绘图标准的要求。

视图样板功能位于视图选项卡下的图形设置面板中，在视图样板功能的下拉菜单中选择管理视图样板则可以进入视图样板设置对话框，在该对话框中既可以检视并修改已有的视图样板，也可以重新创建全新的样板文件。如图 3.49 所示视图属性栏中包含了图形显示设置的大部分内容，可见性设置、阶段设置、过滤器、设计选项等；也包含了部分系统设置选项，比如工作集；还有其他一些有关图面的基本设置，比如视图比例、细节程度、规程等。但仍有一些内容并不包含在内，比如对象样式、线宽线型等。因此，在使用视图样板时需注意这些设置产生的可能影响并进行个别的调试。

虽然使用视图样板设置对话框是制作视图样板的途径之一，但实践中往往采取另一种更直观的方法对各平面、立面、剖面的视图样式进行归纳概括并控制管理。在项目浏览器

图 3.49　视图样板编辑器

中，选择任意一种类型的视图，遵循前文所提到的模型分类、线宽线型及控制优先级原理，对其图形显示的各方面进行调整，确保其各项设置及图面表达符合制图规范需求。然后右击该视图，选择"基于视图新建视图样板"，输入视图样板名称，如"概念设计 _ 平面""扩初设计 _ 立面"等，确保其命名可以清晰反映其使用方法。确定视图样板名称后，视图样板设置对话框会再次弹出，在此可基于具体需求勾选该样板需要控制的选项，并取消选择一些不需要控制的选项。比如，不同视图可能需要显示不同的设计选项，同样是扩初阶段的平面图，图 A 需要显示设计选项 A，图 B 需要显示设计选项 B，但两个平面都需要遵从统一的制图规范，这种情况下则可以在视图样板中取消设计选项，给予视图控制一定的灵活性。完成视图样板设置后，则可以到项目浏览器中选择受同一制图规则控制的视图，到属性栏中添加该视图样板，则该视图所有相关设置就会自动调整到同标准样板视图一样的数值。

　　当大量视图完成设计需要进行图纸输出时，就可以直接到视图属性栏中添加相应的视图样板，快捷地将视图的各种图形显示设置调整成正确的状态。这就是视图样板功能的意义所在。

【学习测试】

问题 1：门族的子分类有哪几项？分别控制平立面中的哪些部分？

问题 2：尝试修改门族分类下各子分类的线型、线宽及颜色。

问题 3：线宽、线型可以在哪个功能选项卡的界面中修改？

问题 4：Revit 设置中，不同比例图纸中线宽是一个固定值吗？可以设置的最大值及最小值是多少？

问题 5：为保证导出的 CAD 中线型可以正常输出，导出设置主要应该要注意什么？

问题 6：对象样式可以在哪个功能选项卡的界面中修改？

问题 7："对象样式设置"和"可见性 / 图形设置"的优先级哪个比较高？如果特定视图中两个设置进行了不同定义，该视图会遵循哪个设置显示？

问题 8：如果不同管线系统希望用颜色进行区分，应该在哪个设置面板中进行管线颜色的设置？

问题 9：管道模型构件的上升 / 下降符合应该如何设置？

问题 10：模型元件的阶段性质视图图面表达是由哪 3 个因素影响决定的？

问题 11：阶段设置与对象样式设置的优先级哪个高？如果两个设置不同时，视图图面会优先显示哪个设置内容？

问题 12：过滤器设置与阶段设置的优先级哪个高？如果两个设置不同时，视图图面会优先显示哪个设置内容？

问题 13：过滤器设置步骤包含哪几个方面的内容？

问题 14：替换图元与过滤器设置的优先级哪个高？如果两个设置不同时，视图图面会优先显示哪个设置内容？

问题 15：替换图元设置包含哪些内容？

问题 16："设计选项"是项目模板文件设置内容之一吗？

问题 17：除了"设计选项"功能以外，还有什么其他保存设计选项的方法吗？选择不同方式的主要依据是什么？

问题 18：视图样板的设置包含哪些范畴？可以在哪个设置面板中查看？

问题 19：视图样板在图纸输出流程中的主要优势及局限是什么？

3.3 Revit 元件设置

Revit 元件种类繁多，在模板设置过程中，其实并没有一定的规则规定哪些应先做哪些应后做。实际工作中，会遵从"从基础、单一到进阶、复合"的基本原则。比如注解元件中的文件注释，只需设置字体，则可以优先。而尺寸标注及模型标记牵涉略广一些，除了字体还需设置尺寸界线的长短、标签类型等，但相对于其他元件，仍相对直观且单一，则可以在文字注释之后进行设置。基于上述原则，本节中将以先视图特有元件，再基准元件，最后模型元件的顺序对各元件设置展开描述（见图 3.50）。对每一个类别模型元件成图工作流程的介绍将分为 3 个步骤：①组成分析：理解模型组件的组成部分，定义每部分的几何尺寸及显示内容。这个步骤通常在族编辑器或项目文件中通过类型属性编辑实现；②可见性设置：控制各组成部分在不同视图中的可见性，通常在可见性 / 图形设置面板中通过子类别进行控制，或者在过滤器中进行定制化的设置；③显示控制：设置各组成

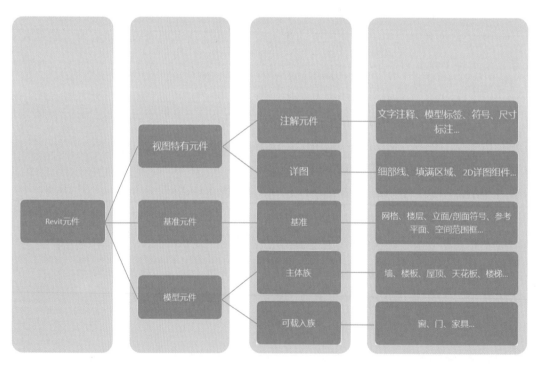

图 3.50 模型元件

部分在不同视图中的显示形式，比如线型线宽样式颜色等（见图 3.51）。3.2 节的图形显示中提到的设置都会对模型的显示形式产生影响，并且会因为控制优先级的关系，互相覆盖或失效。因此，这部分设置要综合考虑最终成图效果与各种设置之间的逻辑关系，以选取最有效最省时的方式进行设置。

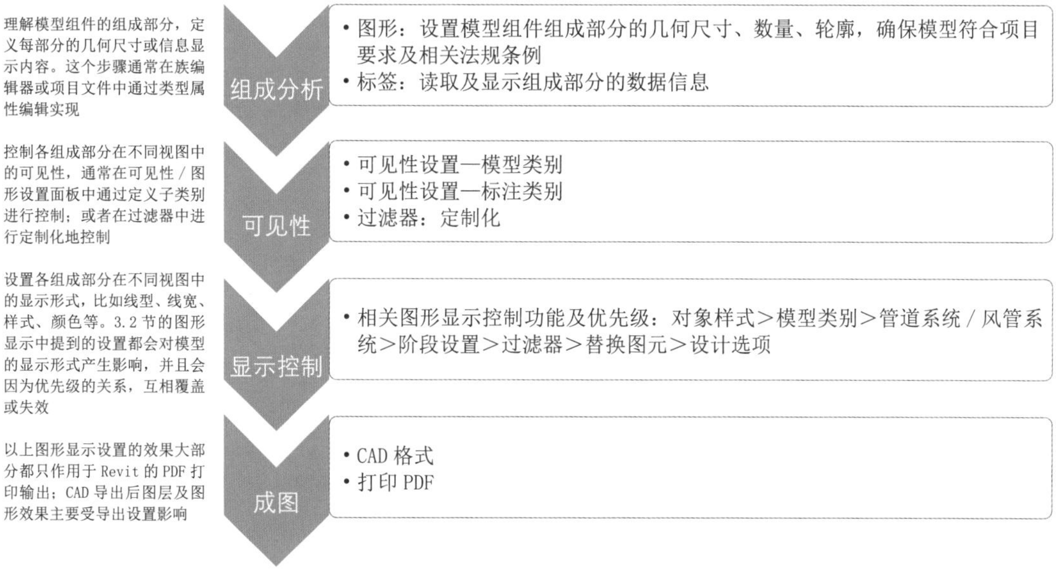

理解模型组件的组成部分，定义每部分的几何尺寸或信息显示内容。这个步骤通常在族编辑器或项目文件中通过类型属性编辑实现	**组成分析**　• 图形：设置模型组件组成部分的几何尺寸、数量、轮廓，确保模型符合项目要求及相关法规条例 • 标签：读取及显示组成部分的数据信息
控制各组成部分在不同视图中的可见性，通常在可见性 / 图形设置面板中通过定义子类别进行控制；或者在过滤器中进行定制化地控制	**可见性**　• 可见性设置—模型类别 • 可见性设置—标注类别 • 过滤器：定制化
设置各组成部分在不同视图中的显示形式，比如线型、线宽、样式、颜色等。3.2 节的图形显示中提到的设置都会对模型的显示形式产生影响，并且会因为优先级的关系，互相覆盖或失效	**显示控制**　• 相关图形显示控制功能及优先级：对象样式 > 模型类别 > 管道系统 / 风管系统 > 阶段设置 > 过滤器 > 替换图元 > 设计选项
以上图形显示设置的效果大部分只作用于 Revit 的 PDF 打印输出；CAD 导出后图层及图形效果主要受导出设置影响	**成图**　• CAD 格式 • 打印 PDF

图 3.51　模型元件成图工作流程

元件涵盖范围甚广，可变参数也很多，在此无法面面俱到；只能从图纸标准化管理角度，选取最具代表性的对象，详释其建模过程与图面输出效果的内在关系，以达到"授人以渔"的效果。这样，当项目因为地域或其他原因对制图效果有特别的要求时，也可根据同样的逻辑使模型的图纸输出效果符合规范要求。

3.3.1　视图特有元件——注解元件

注解元件是只在特定视图中显示的二维 Revit 元件，设置直观简单，没有过多的子分类，是项目模板也是制图标准的基本组成部分（见表 3.3）。

1）文字注释

文字注释设置简单直接，添加到图形中的文字注释包含带有引线和不带引线两种类型，可见性由可见性设置面板中的标注类别控制，而显示形式则由文字类型编辑器控制。由于文字注释元件构成简单，所以在可见性设置和对象样式中没有显示，只由类型编辑器控制。

文字注释不仅可直接添加到视图文件中，也可添加到某些 Revit 元件中，比如剖立面符号的编号、标签、尺寸标注的字体等，所有需要文本文件的模型构件都可以引用设置好

表 3.3　视图特有元件——注解元件

Revit 元件 Revit Elements				
模型元件 Model Elements		基准元件 Datum Elements	视图特有元件 View-specific Elements	
主体族 Hosts	可载入族 Loadable Components		注解元件 Annotation Elements	详图 Details
墙和楼板 Walls & Floors 天花板和屋顶 Ceilings & Roof 楼梯 Stairs	窗 Windows 门 Doors 家具 Furniture	轴网 Grids 标高 Levels 参考平面 Reference Plans	文字注释 Text Notes 立面/剖面符号 Elevation/Section Tag 模型标签 Model Tags 符号 Symbols 尺寸标注 Dimensions	细部线 Detail Lines 填充区域 Filled Regions 2D 详图组件 2D Detail Components

的文字注释类型。其成图流程如图 3.52 所示。

文字注释元件包含字体颜色、线宽、字体样式、高度、高宽比、引线偏移、引线箭头等组成成分，字体类型命名可遵循"公司名称—功能—字体高度—颜色"的逻辑，或根据公司标准进行。族文件中的字体需要到族文件编辑器中设置。

选中文字注释，可通过属性栏进入类型编辑器修改其物理属性，而标题栏会自动跳转到修改选项卡，在修改选项卡中可编辑文字注释引线数量、方向、文字对齐方式等。图 3.53 显示了蓝色注释文字的设置参数。文字注释元件的可见性由可见性/图形设置面板标注类别中文字注释选项控制，只能简单选择隐藏或显现。

若有一些特殊的字体符号需要手动添加到 Revit 中，比如中国钢筋符号的显示就需要添加"速博"附带的字体"Revit.ttf"才能够正常显示（参看结构专业 BIM 设计章节）。这种情形下，只需将该新的字体文件加载到"系统盘（默认为 C）:\windows\fonts\"中，即可在 Revit 中引用。

2）立面/剖面符号

在 Revit 中，平面里的立面/剖面符号具有三维属性，立面/剖面高度包含到的平面，相应平面即自动显示该立面/剖面符号。Revit 可以灵活定制化立面/剖面符号的平面表达形式，并且通过标签功能自动显示索引号，在软件界面中可通过直接选取立面/剖面符号在视图与详图间互相跳转，相当方便。

立面/剖面符号包含标头、标尾、指标箭头、标签几个组成成分，可见性由可见性设

理解模型组件的组成部分，定义每部分的几何尺寸或信息显示内容。这个步骤通常在族编辑器或项目文件中通过类型属性编辑实现

组成分析
- 图形：文字、引线
- 标签：无

控制各组成部分在不同视图中的可见性，通常在可见性/图形设置面板中通过定义子类别进行控制；或者在过滤器中进行定制化地控制

可见性
- 可见性设置—模型类别：无
- 可见性设置—标注类别：文字注释
- 过滤器：无

设置各组成部分在不同视图中的显示形式，比如线型、线宽、样式、颜色等。3.2 节的图形显示中提到的设置都会对模型的显示形式产生影响，并且会因为优先级的关系，互相覆盖或失效

显示控制
- 相关图形显示控制功能及优先级：类型编辑器

以上图形显示设置的效果大部分都只作用于 Revit 的 PDF 打印输出；CAD 导出后图层及图形效果主要受导出设置影响

输出方式
- CAD 输出、打印 PDF

图 3.52　文字注释成图工作流程

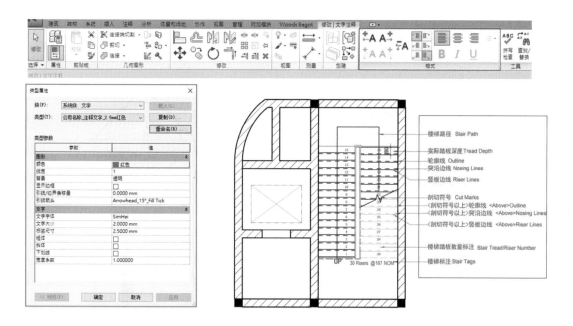

图 3.53　文字类型属性及格式编辑

置中的标注类别控制，显示方式受过滤器、可见性设置及对象样式共同作用，最终效果由优先级决定。成图工作流程如图 3.54 所示。

　　图 3.55 包含几种不同的立面、剖面符号。标头表示剖立面符号中端点处的图形符号，可在立面/剖面符号族文件中自由定义，比如图 3.55 中立面/剖面符号标头定义为圆形，而立面标头则定义为方形；指标箭头用来表示立面或剖面方向，图中也有两种，一个是三

理解模型组件的组成部分，定义每部分的几何尺寸或信息显示内容。这个步骤通常在族编辑器或项目文件中通过类型属性编辑实现	**组成分析** • 图形：立面标头、剖切号标头、剖切号标尾、指标箭头 • 标签：图号、图纸编号
控制各组成部分在不同视图中的可见性，通常在可见性 / 图形设置面板中通过定义子类别进行控制；或者在过滤器中进行定制化地控制	**可见性** • 标注类别：立面符号、剖面符号 • 过滤器：视图比例
设置各组成部分在不同视图中的显示形式，比如线型、线宽、样式、颜色等。3.2 节的图形显示中提到的设置都会对模型的显示形式产生影响，并且会因为优先级的关系，互相覆盖或失效	**显示控制** • 相关图形显示控制功能及优先级：可见性设置＞对象样式
以上图形显示设置的效果大部分都只作用于 Revit 的 PDF 打印输出；CAD 导出后图层及图形效果主要受导出设置影响	**输出方式** • CAD 输出 • 打印 PDF；导出设置

图 3.54 立面 / 剖面符号成图工作流程

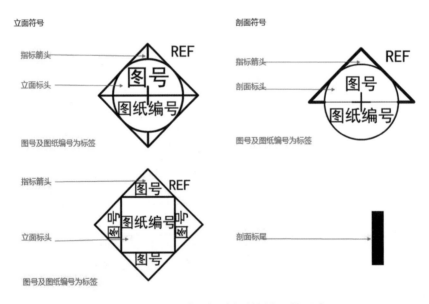

图 3.55 Revit 立面 / 剖面符号元件示意

角形，一个是三角形与半圆相减后的形状；标尾是立面 / 剖面符号末端的图形符号，图中剖面标尾为黑色实心长方形。图号及图纸编号则由"标签"功能实现，Revit 中的标签用于识别和读取模型构件的信息，标签在 Revit 的信息数据库和模型构件间搭起了桥梁，让大量的信息可以有序地在各视图中得到表达。不同模型类别包含不同的标签种类，立面 / 剖面族类别中主要使用的标签就是图号及图纸编号，用来显示立面/剖面在图集中的序号及位置。

（1）组成成分

以剖面符号为例说明这类族的建立过程。使用剖面符号族模板文件，剖面符号由 4 部分组成，剖切号标头（Section Head）、剖切号标尾（Section Tail）、指标箭头（Pointer）以及标签（Tag）。标头图形可使用详图直线直接绘制也可使用嵌套族。使用 Revit 内置的 3 种子类别线型定义标头图形样式，宽线绘制三角形指标箭头、中线绘制圆形标头、细线绘制标签间的分隔线。需要注意的是，在族编辑器中建立的子分类会随着族文件的导入而进入项目文件中，确保子分类逻辑性、条理性及普适性对模板文件的建立、使用和维护都具有重要意义。接着到创建选项卡的文字面板中选择标签，点击编辑界面任意点会弹出编辑标签对话框，框中会罗列所有系统默认或后期通过共享参数添加的剖面符号族类的标签，在这里选择"图号"和"图纸编号"标签。创建结果如图 3.56 所示。

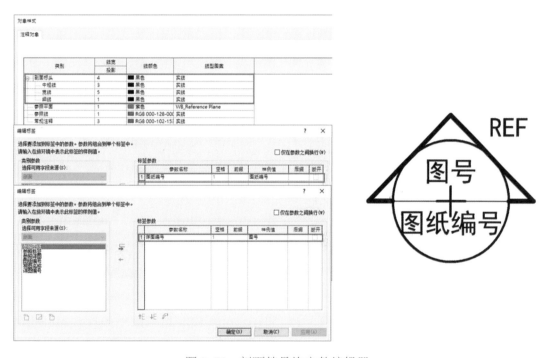

图 3.56　剖面符号族文件编辑器

（2）可见性

加载剖面符号族到项目文件中。剖面符号族的可见性由可见性设置中的标记类别控制，检查并确定其已被勾选。在视图选项卡中选择剖面，在视图中新建两个剖面符号，图号和图纸编号会显示为无，将两个新建的剖面拖入图纸空间并在属性栏中输入图号，则平面中剖面符号族会通过标签自动读取相应的图号和图纸编号，并且双击剖面标头，即可自动跳转到相应的图纸。

　　过滤器可以对立面／剖面符号进行更细致的管理，实际应用中，视图中总会存在大量的立面／剖面符号，有些是制图时图面需要显示的，有些只是设计过程临时建立并未来得及删除的；又或是不同比例平面需要显示视图比例不同的立面／剖面符号，比如 1 ∶ 200 的平面中只需要显示视图比例是 1 ∶ 200 的立面／剖面符号，而 1 ∶ 1 000 的平面中只需要显示视图比例是 1 ∶ 500 的立面／剖面符号，这些都可以通过过滤器来实现。

　　临时剖面符号可以在命名上加入关键字，接着用族名称进行过滤。比如在命名临时剖面符号时加入"草图"字样，即可用"族与类型包含草图"的过滤条件控制该剖面符号的可见性，立面符号同理，如图 3.57 所示。

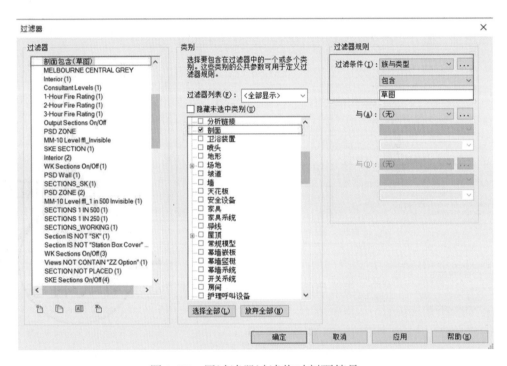

图 3.57　用过滤器过滤临时剖面符号

　　而不同视图比例的立面／剖面符号则可以通过粗略度域值和视图比例过滤器进行控制。Revit 的剖面属性中的"当比例粗略度超过下列值时隐藏"属性可以控制该剖面在不同比例视图的可见性，比如剖面符号粗略度域值为 1 ∶ 100，则当平面比例是 1 ∶ 200 时，该剖面符号不会显示，因为 1 ∶ 200 的平面比 1 ∶ 100 的粗略。这种方法逻辑是粗略的平面显示粗略的立面／剖面符号，比如 1 ∶ 1 000 的场地平面就可显示 1 ∶ 500 的立面／剖面符号，而 1 ∶ 500 或 1 ∶ 250 的较为精细的平面则显示比例 1 ∶ 200 甚至 1 ∶ 100 的更为精细的立面／剖面符号，使图面更为清晰有序。另一种方法则是通过过滤器用立面／剖面符号的比例值作为过滤条件实施控制，设置值如图 3.58 所示。实际应用中，两种方法都颇为常见。

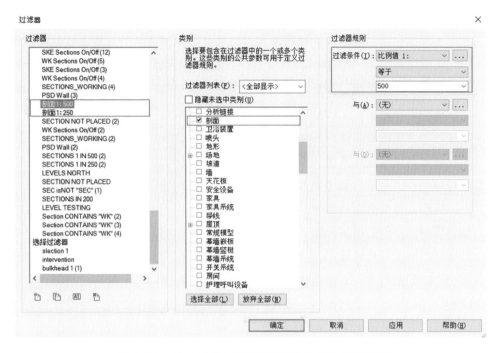

图 3.58　用过滤器过滤不同视图比例的剖面符号

（3）显示方式

剖面符号显示的线宽线型可以根据不同标准在对象样式中进行调节，但其颜色控制与其他元件有所不同。在图 3.59 中，尽管 3 种线型子类别都设置为黑色，视图中的剖面符号标头仍显示为蓝色。因为 Revit 默认已经激活的视图链接会显示为蓝色。通过打印设置可以控制其颜色显示。到主菜单栏中选择打印并进入打印设置面板，选项菜单栏的第一个项目称为"用蓝色表示视图链接"，默认情况下打印为黑色，勾选则可打印为蓝色。

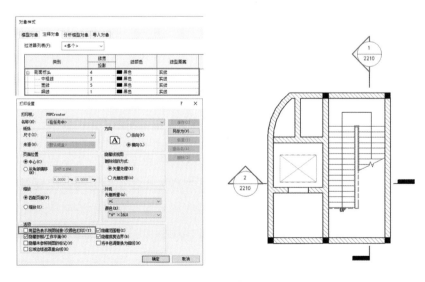

图 3.59　剖面符号打印设置

3）模型标记

在 Revit 界面中，可使用"标记"工具，将标记贴附到选取的元素上。标记是用于识别图面中元素的注解，每一个模型构件都可以被标记。并且标记可显示的信息也非常多样，不仅可以标记 Revit 本身内置的最基本的参数信息，也可以标记通过共享参数导入的定制化信息。由于种类众多，因此在模板设置中也面临一个问题，哪些标记应该在初始阶段就导入，哪些则应该由项目组在后期自行决定。虽然这两种方法导致的最终结构并无矛盾，但通常采取的策略还是先导入最为常用的标记，比如门标记、窗标记、家具标记等。这些每一个项目都会使用到的标记不妨预先导入模板，这样即使后期项目组需要定制化一些特定的标记，建模人员也会有章可循。

添加的项目文件中的模型标记种类繁多，基本所有的模型类别都有相应的标记类别对应，比如楼梯模型就有楼梯标记，楼梯标记中的标签就包含踢面数量、高度等与楼梯相关的信息类别。标记的基本构成就是标头、引线箭头以及标签。显示内容由可见性设置中的标注类别控制。显示方式受过滤器、可见性设置及对象样式共同作用，最终效果由控制优先级决定。成图工作流程如图 3.60 所示。

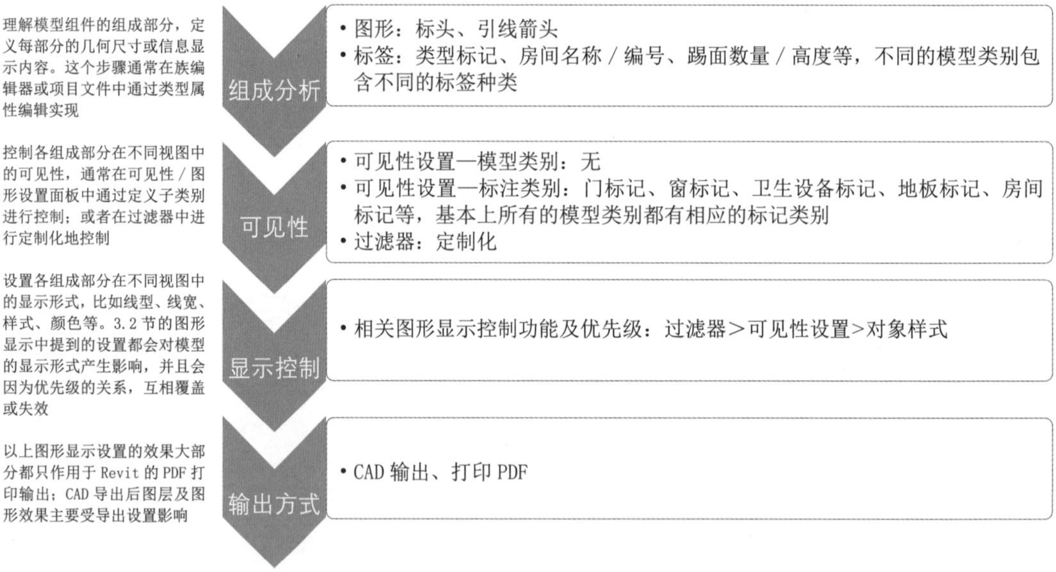

理解模型组件的组成部分，定义每部分的几何尺寸或信息显示内容。这个步骤通常在族编辑器或项目文件中通过类型属性编辑实现	组成分析	• 图形：标头、引线箭头 • 标签：类型标记、房间名称 / 编号、踢面数量 / 高度等，不同的模型类别包含不同的标签种类
控制各组成部分在不同视图中的可见性，通常在可见性 / 图形设置面板中通过定义子类别进行控制；或者在过滤器中进行定制化地控制	可见性	• 可见性设置—模型类别：无 • 可见性设置—标注类别：门标记、窗标记、卫生设备标记、地板标记、房间标记等，基本上所有的模型类别都有相应的标记类别 • 过滤器：定制化
设置各组成部分在不同视图中的显示形式，比如线型、线宽、样式、颜色等。3.2 节的图形显示中提到的设置都会对模型的显示形式产生影响，并且会因为优先级的关系，互相覆盖或失效	显示控制	• 相关图形显示控制功能及优先级：过滤器>可见性设置>对象样式
以上图形显示设置的效果大部分都只作用于 Revit 的 PDF 打印输出；CAD 导出后图层及图形效果主要受导出设置影响	输出方式	• CAD 输出、打印 PDF

图 3.60　模型标记成图流程

到注释选项卡下的标记控制面板，选择标记下拉菜单会出现"加载标记和符号"对话框，将标记族加载进模板文件后，可以在此对话框中可选择各个模型构件类别对应的优先标记族类型。因为通常一个模型构件会有数个标记族用来读取和显示不同信息，比如房间标记族，可以选择显示房间名称和编号，也可以选择显示房间属性和面积。当使用标记功能时，优先的标记族类型会优先显示（见图 3.61）。

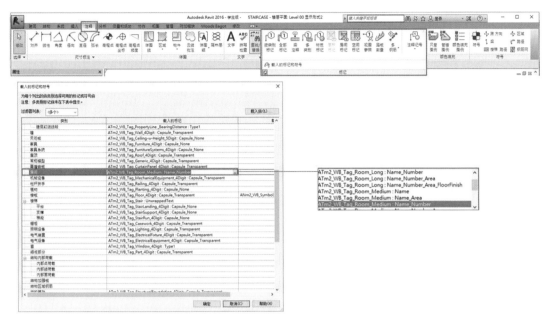

图 3.61 选择房间原件的优先标记族类型

图 3.62 包含几种不同的模型标记：楼梯、房间类型、门窗、地板、卫生设备。标头表示标记族中显示在端点处的图形符号，可在标记族文件中自由定义，比如图 3.62 的窗标记标头就是六边形、门标记标头为圆角长方形，房件类型标记标头为长方形，又或是地板标

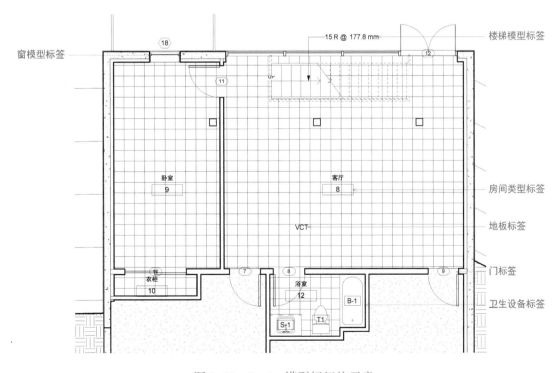

图 3.62 Revit 模型标记族示意

记选择不显示标头轮廓。某一标记族要使用什么样的引线箭头可在该标记的类型编辑器中选择，而箭头类型本身的定义则在管理选项卡下其他设置中的"箭头"编辑器中进行。最后一个，也是标记族最重要的组成部分就是"标签"，标记族的信息识别及表达功能主要靠标签实现。图中的各标签显示的参数信息各有不同：门、窗、卫生设备、地板标签显示的是类型标记，房间标签显示的是房间名称及编号，楼梯标签显示的是踢面数和踢面高度。

（1）组成分析

以窗标记族为例说明标记族的建立过程。使用窗标记族模板文件，模板文件编辑界面中默认两条相交的参考平面线，相交点为标记族的插入点。以相交点为中心用详图直线绘制六边形，线型子类别设置为"窗标记"。到创建选项卡的文字面板中选择标签，点击编辑界面任意点会弹出编辑标签对话框，框中会罗列所有系统默认或后期通过共享参数添加的窗族类标签，在这里选择"类型标记"标签。创建结果如图 3.63 所示。

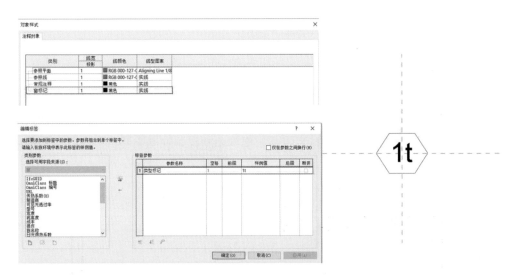

图 3.63　窗标记族文件编辑器

（2）可见性设置

加载窗标记族到项目文件中。标记族的可见性由可见性设置中的标记类别控制，检查并确定其已被勾选。进入窗模型构件的类型属性编辑器，在类型标记中输入相应数字，这个步骤相当于把窗的类型标记数据输入了数据库。接着到注释选项卡的标记面板中选择"按类型标记"，点击窗模型构件，窗标记族就会读取数据库中的类型标记数据，在这个例子中即是类型标记 18。

（3）显示形式

模型标记族的构成简单，在可见性设置和对象样式中都没有复杂的子类别列表，而只有单一选项可对标记族的标头线型及颜色进行调整。可见性设置中的属性会优先于对象样式中的设置，也可用过滤器来决定哪一个类别的标记族需要在视图中显示。

楼层平面: Basement的可见性/图形替换
模型类别
注释类别
分析模型类别
导入的类别
过滤器
在此视图中显示注释类别(S)
过滤器列表(F):
<全部显示>
可见性
投影/表面
线
半色调
窗标记
替换...
类型属性
Double Hung with Trim
类型参数
参数
值
标识数据
部件代码
B2020100
类型标记
18
IFC 参数
18
11
卧室
9

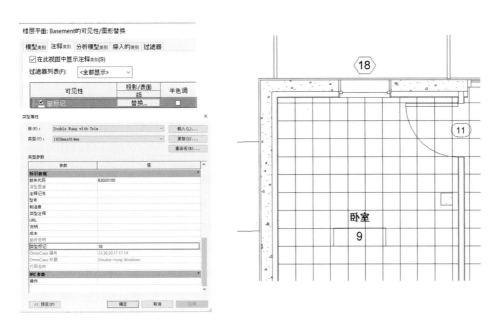

图 3.64　Revit 窗标记族示意

4）独立符号

Revit 中有两种符号：一种是上文提到的模型标记，标记与模型构件关联，包含图形和标签两部分，标签内置于标记族中，用于读取并显示构件的各种信息；另一种则是独立符号，这种符号作为一种图形表达，独立存在，与模型构件之间并无联系，比如指北针、比例尺或者其他在项目文件中会反复使用的图形符号。模板文件设置过程中应将所有常用的独立符号都包含在内（见图 3.65）。

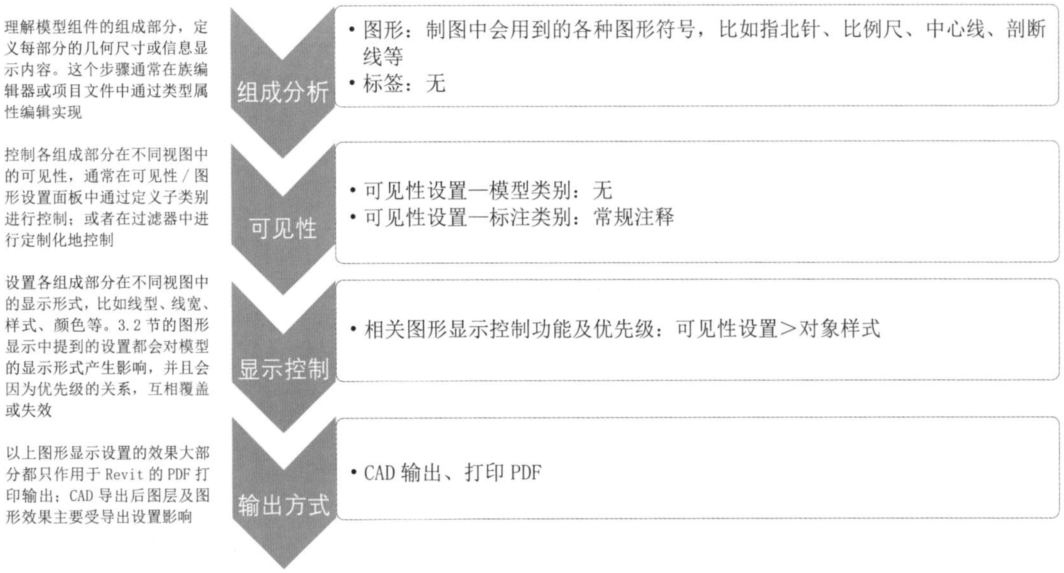

理解模型组件的组成部分，定义每部分的几何尺寸或信息显示内容。这个步骤通常在族编辑器或项目文件中通过类型属性编辑实现
组成分析
• 图形：制图中会用到的各种图形符号，比如指北针、比例尺、中心线、剖断线等
• 标签：无
控制各组成部分在不同视图中的可见性，通常在可见性/图形设置面板中通过定义子类别进行控制；或者在过滤器中进行定制化地控制
可见性
• 可见性设置—模型类别：无
• 可见性设置—标注类别：常规注释
设置各组成部分在不同视图中的显示形式，比如线型、线宽、样式、颜色等。3.2 节的图形显示中提到的设置都会对模型的显示形式产生影响，并且会因为优先级的关系，互相覆盖或失效
显示控制
• 相关图形显示控制功能及优先级：可见性设置>对象样式
以上图形显示设置的效果大部分都只作用于 Revit 的 PDF 打印输出；CAD 导出后图层及图形效果主要受导出设置影响
输出方式
• CAD 输出、打印 PDF

图 3.65　独立符号族成图流程

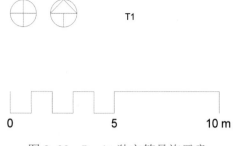

图 3.66　Revit 独立符号族示意

图 3.66 包含一些常用的独立符号，定义方式同立面 / 剖面符号和模型标记里的图形定义方式类似。使用模板文件"常规注释"，用详图直线绘制符号，并通过子类别定义线型线宽颜色。独立符号族的可见性由可见性 / 图形设置面板标注类别中常规注释选项控制，只能简单选择隐藏或显现。

5）尺寸标注

尺寸标注在 Revit 中有两种用途：一是编辑模型，通过编辑尺寸标注的数值移动模型构件；另一个则是根据制图需要标注模型。这里主要关注后者，确保模板文件中包含有合乎标准的尺寸标注类型供设计人员引用。

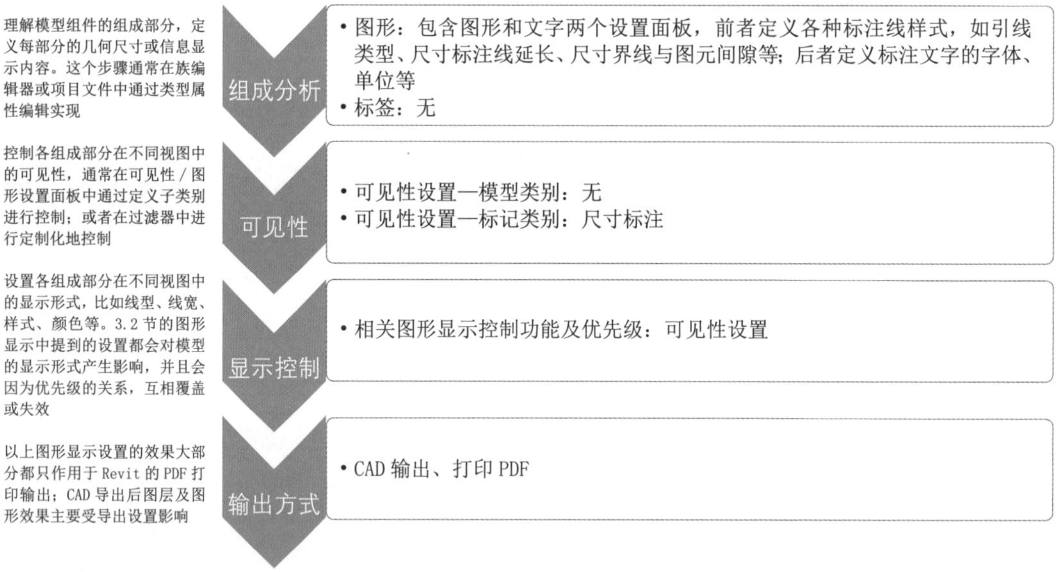

理解模型组件的组成部分，定义每部分的几何尺寸或信息显示内容。这个步骤通常在族编辑器或项目文件中通过类型属性编辑实现	**组成分析**	• 图形：包含图形和文字两个设置面板，前者定义各种标注线样式，如引线类型、尺寸标注线延长、尺寸界线与图元间隙等；后者定义标注文字的字体、单位等 • 标签：无
控制各组成部分在不同视图中的可见性，通常在可见性 / 图形设置面板中通过定义子类别进行控制；或者在过滤器中进行定制化地控制	**可见性**	• 可见性设置—模型类别：无 • 可见性设置—标记类别：尺寸标注
设置各组成部分在不同视图中的显示形式，比如线型、线宽、样式、颜色等。3.2 节的图形显示中提到的设置都会对模型的显示形式产生影响，并且会因为优先级的关系，互相覆盖或失效	**显示控制**	• 相关图形显示控制功能及优先级：可见性设置
以上图形显示设置的效果大部分都只作用于 Revit 的 PDF 打印输出；CAD 导出后图层及图形效果主要受导出设置影响	**输出方式**	• CAD 输出、打印 PDF

图 3.67　尺寸标注成图流程

在项目文件中新建尺寸标注样式"标准标注"，则设计人员引用模板文件并使用其中的标注样式时可清晰地知道该标注类别是符合制图规范的标注类别。尺寸标注类型设置属性主要包含图形和文字两个部分。前者定义各种标注线样式，如引线类型、尺寸标准线延长、尺寸界线与图元间隙等；后者定义标注文字的字体、单位等。图 3.68 主要显示了图形控制面板几个主要属性和它们的图面表达。比如水平方向标注线称为尺寸标注线，则"尺寸标注线延长数值"代表了标注两头水平线延伸的距离；竖直方向称为尺寸界线，用来分隔多个标注数值，"尺寸界线与图元距离"表示竖直界线下方与模型构件的距离，"尺寸界线延伸"表示竖直界线上方延伸的距离。当然也可以定义各标注线的线型、线宽和颜色。

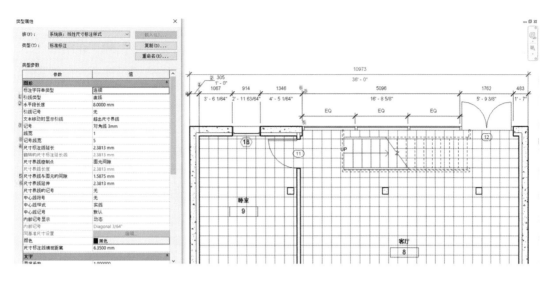

图 3.68　Revit 尺寸标注示意

属性设置中文字部分同文字注释设置大同小异，比较特别的一个属性是可以定义及显示备用单位。图 3.69 所示标注分上下两层，上层公制单位，显示小数点后一位；下层英制单位，显示精度 1/64″。只需选择备用单位显示为"下"，并选择其单位格式，即可实现这种双层尺寸标注的表达。其他设置中的等分文字可以显示真实的尺寸数值，也可用其他文字替代，图中显示是比较常用的 EQ 字符。

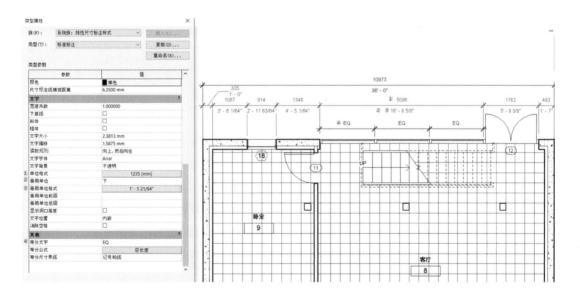

图 3.69　Revit 双层尺寸标注示意

3.3.2 视图特有元件—详图

详图类别元件主要用于大样图绘制，包含"细部线""填充区域"和"详图组件"三个大类。"细部线"和"填充区域"可在项目文件中直接定义，详图组件则是在族文件中定义后再导入项目文件使用（见表 3.4）。

表 3.4 视图特有元件—详图

Revit 元件 Revit Elements				
模型元件 Model Elements		基准元件 Datum Elements	视图特有元件 View-Specific Elements	
主体族 Hosts	可载入族 Loadable Components		注解元件 Annotation Elements	详图 Details
墙和楼板 Walls & Floors 天花板和屋顶 Ceilings & Roof 楼梯 Stairs	窗 Windows 门 Doors 家具 Furniture	轴网 Grids 标高 Levels 参考平面 Reference Plans	文字注释 Text Notes 立面/剖面符号 Elevation/Section Tag 模型标签 Model Tags 符号 Symbols 尺寸标注 Dimensions	细部线 Detail Lines 填充区域 Filled Regions 2D 详图组件 2D Detail Components

"细部线"通常引用定义好的线型类别绘制。"填满区域"命令则需要通过两个步骤实现，在管理选项卡下的其他设置面板定义"填充样式"，再到注释选项卡下的详图面板中选择"填充区域"命令，然后绘制区域边界线并选择所需的填充样式。

细部线的可见性及显示形式由可见性设置和对象样式中的线类别及相关子类别控制；填充区域则由可见性设置中的详图项目控制，但其显示形式则主要受绘制边界线时所用的细部线类型以及填充样式设置的影响。下面详述详图组件族的建立过程。

详图组件与 CAD 的块类似，是封闭的二维图块，仅存在于视图中，不会在三维空间显示。详图组件也是参数化的，可以在族文件建立过程中运用参数控制图形尺寸，也可以包含一些其他有用的参数。简单地概括，详图组件就是一个参数化的平面块，使用它是为了方便在建筑施工图设计过程中为三维模型增加细节。其成图流程如图 3.70 所示。

图 3.70 详图组件族成图流程

详图组件种类繁多，详图构件族可以直接在项目文件中使用，也可以引入其他族文件中丰富其剖面的细节程度。通常在项目推进过程中，详图构件也会不断同步演化。这种详图组件并不是项目模板的涵盖范围。模板文件中包含的详图组件应该以基本通用构件为主，例如建筑施工中的小配件螺丝铆钉一类的，这些基本构件可重复使用，比较灵活，也可互相进行组合或做成嵌套族，依照项目的具体需求，创建符合项目的节点大样。

通常有两种途径创建详图构件，导入 CAD 文件进行修改或是在 Revit 中直接绘制，考虑到大多数公司都有 dwg 格式的文件库，实际应用中很多时候都包含导入 CAD 这个步骤。

Revit 提供了两个样板用于创建详图构件族，一个是基于线的详图构件族模板，另一个是详图构件族模板。顾名思义，前者用于绘制基于线性方向发展的族类型，而后者用于建立普通族类型。下面分别举例说明。

1）场景一：建立包含文本注释的工具线型

引用"线性详图构件模板"新建族文件"工具线型"。添加隐藏线（Hidden Line），与模板文件中的参考线锁定（Reference Line），接着需要引入文本注释并与该隐藏线关联。引用"常规注释族模板"新建族文件文本，新建文本间距参数锁定文本与线型起始点的距离；接着用阵列命令，阵列时选择定义"最后一个"文本位置，接着点击阵列后的文本文件，上方会出现文本阵列的数量，选择该数量并将其与参数"文本阵列数量"关联。

2）场景二：建立一个螺栓详图构件

螺栓的细节虽然看似较为复杂，其实非常简单，因为并不关系到参数和公式，唯一需要注意的是几何尺寸的正确，运用详图直线结合阵列镜像功能不管多复杂的构件都可以建立出来。同时要保持子类别的简洁及通用性，通常详图构件族中的子类别不会像模型元件族类别那样种类繁多，只会按线宽分为细、中、宽 3 款，或者像图 3.72 的螺栓，子类别统一设置为第一层级的详图项目，则线宽统一设置为第一层级的详图项目，方便管理。

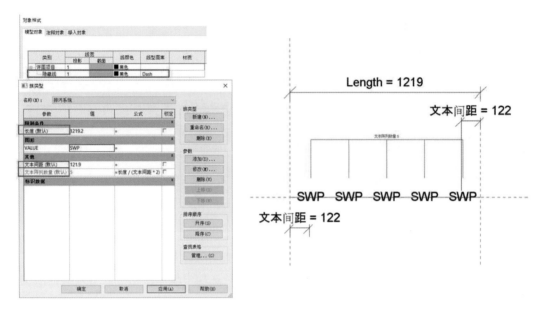

图 3.71　线型详图构件

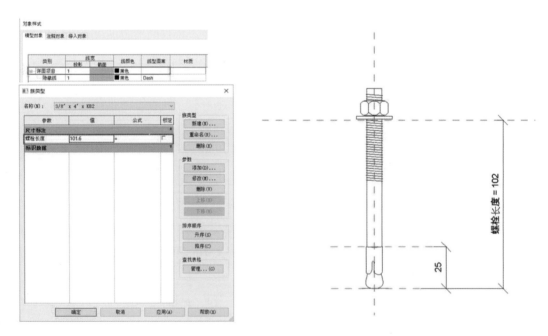

图 3.72　螺栓

　　大样图绘制中包含大量这样的固定、连接细部，一些绘图过程中的习惯表达也需要详图构件的补充才能得到实现，比如隔热层又或者结构梁的节点设计，等等。Revit 模型要达到什么样的细节程度在项目开始前就需要清晰定义，三维模型加二维详图构件再加模型信息的共同作用是 Revit 工作流程的优势也是软肋，过多使用二维图元就失去了使用三维软件平台的意义，完全不使用又无法满足制图的需求。平衡的共同作用才能发挥 Revit 建模平台的优势。

3.3.3　基准元件

Revit 中的基准元件主要用于定义项目模型的基准框架，比如网格、楼层、参考平面、控制范围框都是具有三维属性的基准元件（见表 3.5）。例如，在平面绘制的轴线、范围控制框，会在立面 / 剖面自动对应生成；立面绘制的楼层，会在所有剖面对应位置出现；参考平面在平立剖面常有应用，在其中任何一个视图绘制后，其他视图会在对应位置自动生成。基准元件与视图特有元件一样，都是制图过程中比较固定又频繁使用的元件，正确定义供设计人员直接使用正是项目模板的意义所在。

表 3.5　基准元件

Revit 元件 Revit Elements				
模型元件 Model Elements		基准元件 Datum Elements	视图特有元件 View-Specific Elements	
主体族 Hosts	可载入族 Loadable Components		注解元件 Annotation Elements	详图 Details
墙和楼板 Walls & Floors 天花板和屋顶 Ceilings & Roof 楼梯 Stairs	窗 Windows 门 Doors 家具 Furniture	轴网 Grids 标高 Levels 参考平面 Reference Plans	文字注释 Text Notes 立面 / 剖面符号 Elevation/Section Tag 模型标签 Model Tags 符号 Symbols 尺寸标注 Dimensions	细部线 Detail Lines 填充区域 Filled Regions 2D 详图组件 2D Detail Components

轴网工具用来在设计平面中放置柱轴网线。Revit 轴网具有三维属性，在平面建立轴网后，在立面 / 剖面相应位置会自动生成。同时可以在立面视图中拖拽其范围，使其与相应标高线相交，并不与无关的标高线相交，这样便可控制该轴线是否应该出现在该平面视图中。比如地下层与地面层的轴网通常会有差异，地面层与标准层的轴网又大有不同，这时就可以在立面中调节地下层轴网范围到地面以下，而地面层轴网范围到标准层以下，这样每个楼层的都可以按需求显示相应的轴网。

标高用来定义项目文件的垂直高度，每个已知楼层或其他建筑参照都可以创建标高，并建立关联的平面视图，比如基础底层、地下一层、地面层等。标高也具有三维属性，一旦建立就会显示在所有视图中，但跟轴网一样，可以通过调整其范围大小，控制它在各视图中的显示状况。轴网和标高的成图流程如图 3.73 所示。

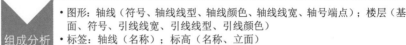

理解模型组件的组成部分，定义每部分的几何尺寸或信息显示内容。这个步骤通常在族编辑器或项目文件中通过类型属性编辑实现	**组成分析**	• 图形：轴线（符号、轴线线型、轴线颜色、轴线线宽、轴号端点）；楼层（基面、符号、引线线宽、引线线型、引线颜色） • 标签：轴线（名称）；标高（名称、立面）
控制各组成部分在不同视图中的可见性，通常在可见性/图形设置面板中通过定义子类别进行控制；或者在过滤器中进行定制化地控制	**可见性**	• 可见性设置—模型类别：无 • 可见性设置—标记类别：轴线、标高
设置各组成部分在不同视图中的显示形式，比如线型、线宽、样式、颜色等。3.2 节的图形显示中提到的设置都会对模型的显示形式产生影响，并且会因为优先级的关系，互相覆盖或失效	**显示控制**	• 相关图形显示控制功能及优先级：可见性设置
以上图形显示设置的效果大部分都只作用于 Revit 的 PDF 打印输出；CAD 导出后图层及图形效果主要受导出设置影响	**输出方式**	• CAD 输出、打印 PDF

图 3.73 轴网、标高成图流程

（1）组成分析

轴网和标高元件的组成可简单概括为标头和引线。在轴线和标高的类型属性中可直接定义引线的线宽、线型及颜色，选择需要在哪一个端点显示标头，也可以在符号栏中选择标头的类型。标头的格式由注释符号族控制，这点与立面/剖面符号大同小异，唯一的分别是前者称为立面/剖面标头，而在轴线与标高元件中通常称为轴线标头和标高标头。在类型属性中只可以选择想要显示的标头类型，而标头的编辑则要在注释符号族文件中进行。

图 3.74 为轴网及标高在注释族文件和项目文件中的几何形态。几何形态可自由编辑，线型、线宽、颜色由子分类控制，显示信息则由标签控制。导入项目文件中后，标签位置会自动显示项目信息。

（2）可见性

项目文件中轴网及标高的可见性由可见性控制中的标记类别控制，由于注释族只是轴网及标高元件的一个组成部分，因此可见性设置中并不会列出族文件中定义的各个子分类。轴网及标高元件各组成部分的显示与否由类型编辑器来控制。

（3）显示控制

轴线及标高的显示形式可在相应的类型编辑器中调整。标头的线型、线宽、颜色则由对象样式和可见性设置中的符号类别及相关子类别控制。

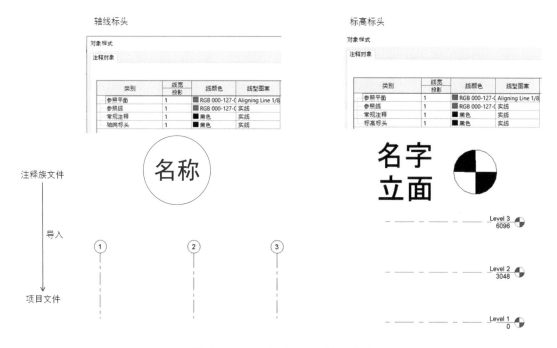

图 3.74　Revit 轴网、标高示意

3.3.4　模型元件—主体族

主体族包括基本建筑构件，例如墙、楼板、天花板和楼梯等族类型（见表 3.6）。主体元件属于 Revit 的预定义部分，是可载入族的主体，比如墙体族就是门和窗族的主体，天花板就是某些灯具族的主体。主体元件保存在模板和项目中，而不是从外部载入，因此不能新建、修改、复制、删除，在模板或项目文件中主要靠复制粘贴或者传递项目标准的方式共享。虽然元件本身是不可编辑的，但元件包含的族类型是可以编辑的，比如墙体族包含几种不同墙体结构和厚度的族类型，设计人员可以根据需求删减或新建。通常 Revit 默认模板文件中的主体元件类型都比较简单，可根据各地区标准和公司需求进行修改并保存在模板文件中，这样设计人员在使用过程中就可以直接引用一些标准化的基本元件。既可以提高工作效率，对设计及建模过程的标准化也可以起到积极的作用。

主体族还包含项目及系统设置，例如标高、轴网、图纸、视口等。本章针对制图需求，根据实际设计的工作流程及特点，将模型元件分为视图特有元件、基准元件及模型元件，并阐述其设置与制图输出效果之间的关系。因此此处只针对基本建筑构件中的主体族进行说明，有关其他系统设置族类型可参考视图特有元件及基准元件章节。

表 3.6　模型元件—主体族

Revit 元件 Revit Elements				
模型元件 Model Elements		基准元件 Datum Elements	视图特有元件 View-Specific Elements	
主体族 Hosts	可载入族 Loadable Components		注解元件 Annotation Elements	详图 Details
墙和楼板 Walls & Floors 天花板和屋顶 Ceilings & Roof 楼梯 Stairs	窗 Windows 门 Doors 家具 Furniture	轴网 Grids 标高 Levels 参考平面 Reference Plans	文字注释 Text Notes 立面 / 剖面符号 Elevation/Section Tag 模型标签 Model Tags 符号 Symbols 尺寸标注 Dimensions	细部线 Detail Lines 填充区域 Filled Regions 2D 详图组件 2D Detail Components

理解模型组件的组成部分, 定义每部分的几何尺寸或信息显示内容。这个步骤通常在族编辑器或项目文件中通过类型属性编辑实现

组成分析
- 图形: 面层、保温层、涂膜、衬底、结构层、饰条、分格条等
- 标签: 无

控制各组成部分在不同视图中的可见性, 通常在可见性 / 图形设置面板中通过定义子类别进行控制; 或者在过滤器中进行定制化地控制

可见性
- 可见性设置—模型类别: 墙、楼板
- 可见性设置—标记类别: 墙标记、楼板标记

设置各组成部分在不同视图中的显示形式, 比如线型、线宽、样式、颜色等。3.2 节的图形显示中提到的设置都会对模型的显示形式产生影响, 并且会因为优先级的关系, 互相覆盖或失效

显示控制
- 相关图形显示控制功能及优先级: 替换图元＞过滤器＞阶段设置＞可见性设置＞对象样式

以上图形显示设置的效果大部分都只作用于 Revit 的 PDF 打印输出; CAD 导出后图层及图形效果主要受导出设置影响

输出方式
- CAD 输出、打印 PDF

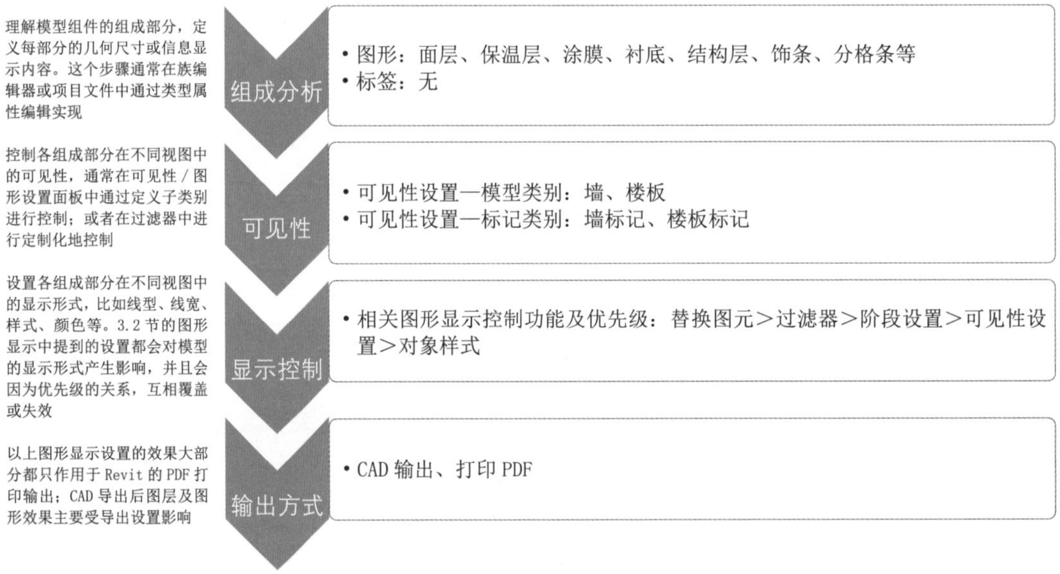

图 3.75　墙体、楼板成图流程

1）墙体和楼板

Revit 中的墙体和楼板都是复合材质, 即包含了核心结构层、保温层、填充层、面层等各构造层次信息, 选择不同的详细程度可以控制构造层次信息的显示方式, "粗略" 模式下只显示断面轮廓边缘线, 但该断面轮廓表达的是核心层、面层、填充层等的整体厚度, 与只表达核心层的制图习惯不符。实践当中, 有时会将核心结构层和饰面层分开用不同的墙体类型建模, 又或者将结构模型链接到建筑模型中, 然后只绘制非结构的墙体和楼板饰面部分。这些方法都有利有弊, 好处是分开处理可灵活地控制其显示方式及明细表的输

出；坏处是为修改带来不便，任何改动都要重复进行以保证模型空间关系的一致性。这一点从软件的角度，建议改进，像楼梯模型构件一样，将墙体的子分类进一步细化，方便满足不同项目阶段的需要。

（1）组成分析

图 3.76 有对墙体的结构层进行尺寸标注，而图 3.77 则对楼板的结构层进行了尺寸标注。250 mm 的墙体由 200 mm 的核心结构层和两个 25 mm 的面层组成，185 mm 的楼板则由 130 mm 的核心结构层和 55 mm 的面层组成。构造层的数量、名字、厚度、材料都可以根据项目要求进行具体的定义。

Revit 在对象样式中的默认设置是墙体截面线宽度单位为 6，投影线宽度单位为 1；楼板截面线宽度单位为 4，投影线宽度单位为 1。综合考虑该剖面比例为 1 ∶ 10，对应该比例下的线宽值，则墙体剖切线宽度为 1.4 mm，投影宽度为 0.18 mm；楼板剖切线宽度为 0.7 mm，投影线宽度与墙体一致。所谓公共边即为不同构造层之间重合的边线，为了清晰显示构造层之间的分别，公共边宽度值为 1。

墙体的类型编辑器与楼板类似，但多一个垂直结构修改功能。如图 3.76 所示墙体底部的墙饰条就是使用该功能引入轮廓线族而实现的，同理也可以引入分隔条等垂直结构构件。引入垂直结构构件后，该墙体类型即包含了该垂直构件的信息，不管在建模时使用如何的平面布局，直线或弧线，同一平面或互有高差，Revit 都会在墙体模型中自动计算并生成该垂直构件的形态。

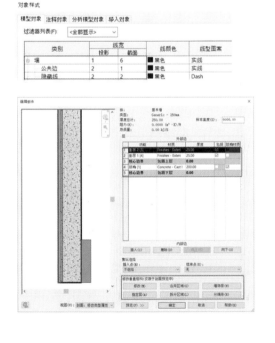
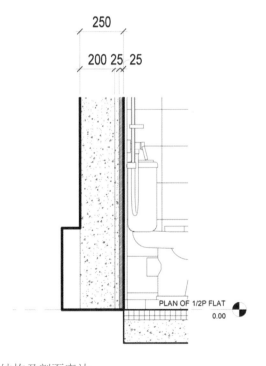

图 3.76　Revit 墙体结构及剖面表达

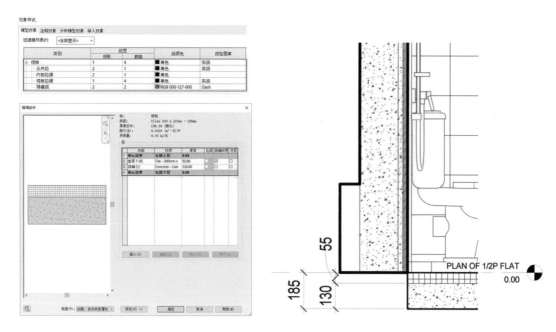

图 3.77　Revit 楼板结构及剖面表达

　　如图 3.78 所示是该墙体在不同详细程度模式下的显示效果。"粗略"模式下墙体显示厚度为 250 mm，外轮廓线粗实线显示；"中等"模式下则显示出构造层信息，分别为 200 mm 的结构层和两个 25 mm 的面层。Revit 无法做到只显示核心结构层。

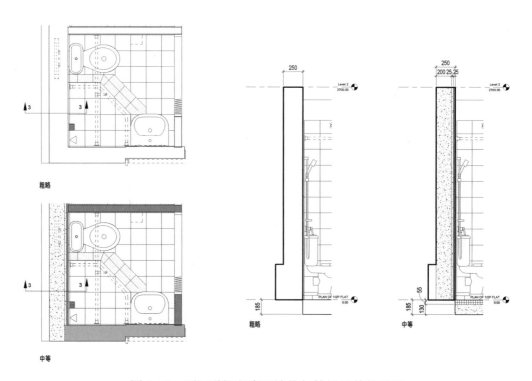

图 3.78　不同详细程度下墙体与楼板元件的显示

（2）可见性

墙体和楼板的可见性由可见性控制中的模型类别控制，也可以用过滤器通过不同条件控制，比如厚度、阶段、防火属性等。

（3）显示控制

墙体、楼板的显示控制受多个编辑器影响。对象样式和类型编辑器是模型构件显示形式的第一层控制，对象样式中定义了墙体与楼板的轮廓投影线及剖切线的线宽、线型、颜色，类型编辑器中则定义了不同材料剖切面的填充图案。模板设置中可根据需求直接在这两个设置面板中修改，任何修改都会应用到整个项目文件中。

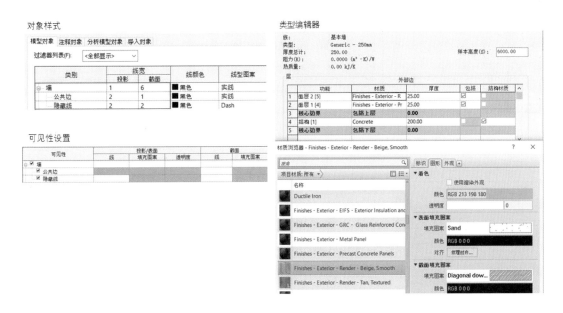

图 3.79　墙体在对象样式、类型编辑器、可见性设置中的设置

实际应用中，经常需要模型构件在不同的视图中以不同的方式显示，或不同的构件在同一视图中显示出统一的效果，比如一个平面中包含多个不同类型的墙体和楼板族，但制图要求在平面中所有剖面填充显示为浅灰色。这时候就可以在可见性设置中进行修改，因为可见性设置的控制优先级高于对象样式和类型编辑器，并且作用于特定视图，不会影响整个项目文件中模型构件的表达。这样既可以满足制图的需求，也可以保留建模时定义的不同墙体和楼板类别的信息。

根据图形设置优先级，还可在阶段设置、过滤器、替换图元中用其他设置替换对可见型设置中的属性。如图 3.80 所示从左至右，优先级逐渐升高，右边设置逐步替换左边设置。除对象样式外，其他均只作用于单一视图。

2）天花板和屋顶

Revit 在进行不规则屋顶设计时更可以体现其三维空间平台的优势，既可以在任意剖切高度生成平面，也可以更直观地表达到各连接部位外观的效果。天花板设计也是如此，各种隔断及吊顶与平面的契合程度、在三维空间中的外观效果以及与机电及结构组件的综合协调等，都是在实践中可以充分发挥三维建模平台优势的部分。

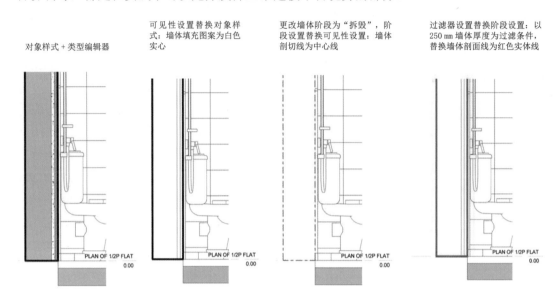

图 3.80　墙体的图形控制优先级替换

回到制图部分，天花板和屋顶都是复合结构的主体模型元件，在类型属性中可以编辑其构造层次、填充样式及其他属性。在属性栏中则可以控制工作平面、基准标高、坡度等。天花板平面和屋顶平面中墙体、柱、门窗等的表达与平面略有差异，无法全部由对象样式控制，这时就需要灵活运用其他图形显示设置以达到制图标准要求的效果，并通过制作视图样板的方式控制相同视图的图面表达。

理解模型组件的组成部分，定义每部分的几何尺寸或信息显示内容。这个步骤通常在族编辑器或项目文件中通过类型属性编辑实现	**组成分析**	• 图形：面层、保温层、涂膜、衬底、结构层等 • 标签：无
控制各组成部分在不同视图中的可见性，通常在可见性／图形设置面板中通过定义子类别进行控制；或者在过滤器中进行定制化地控制	**可见性**	• 可见性设置—模型类别：天花板、屋顶（封檐板、屋檐底板、檐沟） • 可见性设置—标记类别：天花板标记、屋顶标记
设置各组成部分在不同视图中的显示形式，比如线型、线宽、样式、颜色等。3.2 节的图形显示中提到的设置都会对模型的显示形式产生影响，并且会因为优先级的关系，互相覆盖或失效	**显示控制**	• 相关图形显示控制功能及优先级：替换图元＞过滤器＞阶段设置＞可见性设置＞对象样式
以上图形显示设置的效果大部分都只作用于 Revit 的 PDF 打印输出；CAD 导出后图层及图形效果主要受导出设置影响	**输出方式**	• CAD 输出、打印 PDF

图 3.81　天花板、屋顶成图流程

（1）组成分析

图 3.82 为天花板对象样式设置及类型编辑器，构造层次分为结构层及面层。结构层厚度为 40 mm，面层则为 600 mm×600 mm 的铺装，厚 15 mm。Revit 在对象样式中的默认设置是天花板截面线宽度单位为 5，投影线宽度单位为 2。平面比例 1∶100，天花板显示为投影线，线宽 0.18 mm；剖面比例 1∶20，天花板显示为截面线，线宽为 0.7 mm。填充样式中交叉线宽设置为 600 mm×600 mm。

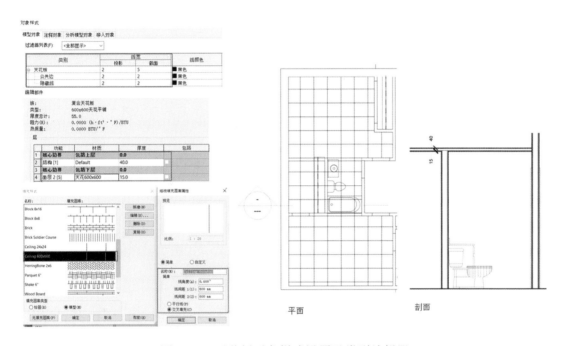

图 3.82　天花板对象样式设置及类型编辑器

图 3.83 为屋顶对象样式设置及类型编辑器，示例为钢屋架结构屋顶，构造层次包括面层密封膜、保温层及结构层的金属板和钢筋托梁层。平面比例 1∶100，剖面 1∶20。同理，根据线宽设置和对象样式可计算出屋顶平、剖面中，投影线宽为 0.18，剖面线宽为 0.7。"粗略"模式下可只显示天花或屋顶轮廓线，"中等"或"精细"模式下可显示构造层。同样，在天花板和屋顶中，Revit 也无法做到只显示核心结构层。

（2）可见性

天花板和屋顶的可见性由可见性控制中的模型类别控制，也可以用过滤器通过不同条件控制，比如厚度、阶段、防火属性等。

（3）显示控制

天花板和屋顶的显示形式受图形显示优先级的控制。图 3.84 为屋顶构件在可见性设置、阶段设置、过滤器、替换图元中进行不同设置后的显示效果，从左至右，优先级逐渐升高，右边设置逐步替换左边设置。除对象样式外，其他均只作用于单一视图。

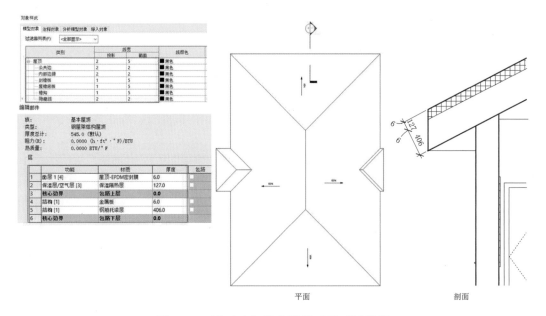

图 3.83　屋顶对象样式设置及类型编辑器

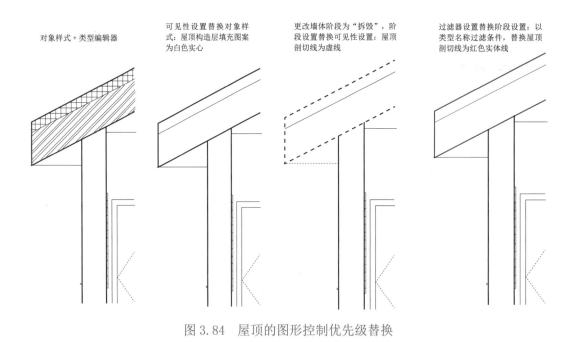

图 3.84　屋顶的图形控制优先级替换

3）楼梯

楼梯也是 Revit 的预定义主体模型元件之一，设置较为复杂，不仅可以通过参数控制其基本属性，还可引入其他入族文件细化设计，比如用轮廓族模拟不同形式的楼梯突沿。Revit 有两种建立楼梯的方法，一个是以元件建立楼梯（Stair by Component），另一个是以草图建立楼梯（Stair by Sketch），以满足不同设计情景的需要。简单来说，以元件建立的楼梯各组成部分具有更强的关联性，以草图方式建立的楼梯则更为灵活多变，元件楼梯也可在需要的时候转换成草图楼梯，而草图楼梯则不可转换成元件楼梯。

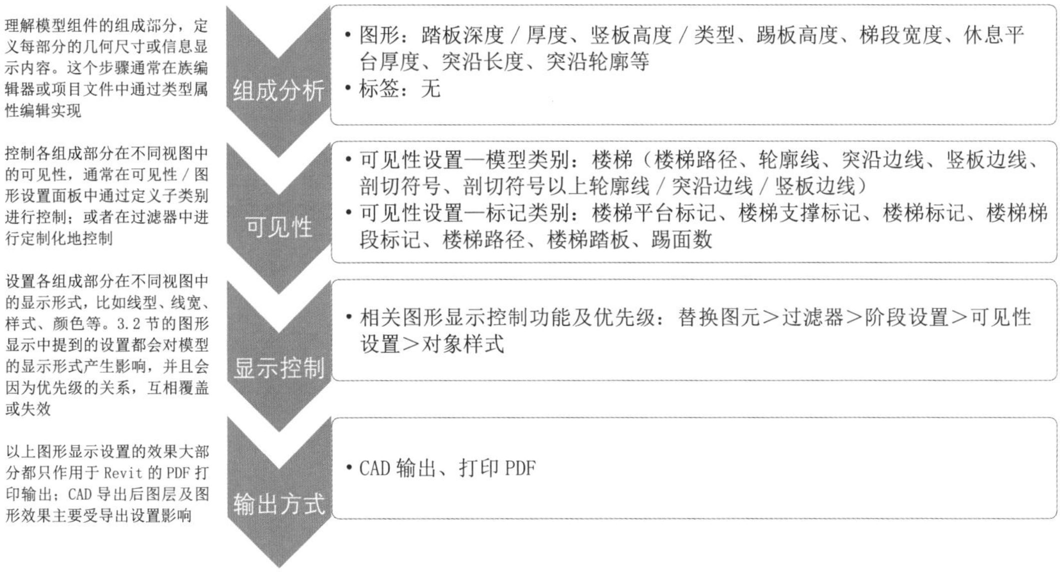

理解模型组件的组成部分，定义每部分的几何尺寸或信息显示内容。这个步骤通常在族编辑器或项目文件中通过类型属性编辑实现	**组成分析** · 图形：踏板深度 / 厚度、竖板高度 / 类型、踢板高度、梯段宽度、休息平台厚度、突沿长度、突沿轮廓等 · 标签：无
控制各组成部分在不同视图中的可见性，通常在可见性 / 图形设置面板中通过定义子类别进行控制；或者在过滤器中进行定制化地控制	**可见性** · 可见性设置—模型类别：楼梯（楼梯路径、轮廓线、突沿边线、竖板边线、剖切符号、剖切符号以上轮廓线 / 突沿边线 / 竖板边线） · 可见性设置—标记类别：楼梯平台标记、楼梯支撑标记、楼梯标记、楼梯梯段标记、楼梯路径、楼梯踏板、踢面数
设置各组成部分在不同视图中的显示形式，比如线型、线宽、样式、颜色等。3.2 节的图形显示中提到的设置都会对模型的显示形式产生影响，并且会因为优先级的关系，互相覆盖或失效	**显示控制** · 相关图形显示控制功能及优先级：替换图元 > 过滤器 > 阶段设置 > 可见性设置 > 对象样式
以上图形显示设置的效果大部分都只作用于 Revit 的 PDF 打印输出；CAD 导出后图层及图形效果主要受导出设置影响	**输出方式** · CAD 输出、打印 PDF

图 3.85　楼梯成图流程

（1）组成分析

楼梯的类型编辑器里定义了楼梯各个部分的几何关系，比如最大踢面高度、最小踏板深度、最小梯段宽度、梯段类型、平台类型、支撑、剖切标记等，梯段类型编辑器里可进一步设置有关梯段的各种属性，比如踏板厚度、轮廓、边缘长度、轮廓及材质，踢面的厚度、轮廓及材质，下侧表面形式等；平台类型里则可以定义平台的厚度、材质等。

图 3.86 新建元件楼梯类型 170max(R)_280min(T)。在类型属性编辑器中，将最小踏板深度设置为 280 mm；最大踢面高度设为 170 mm；梯段最小宽度为 1 000 mm。在用户界面里选择梯段命令，用绘制楼梯路径的方式新建楼梯模型。选择楼梯，在属性栏中可发现，Revit 已通过综合计算楼层高度和踏板、踢面的设定值计算出楼梯的踏步数量为 30、实际踏板深度为 280 mm 及实际竖板高度为 166.7 mm。接着在楼梯的类型属性编辑器的梯段及平台设置中，将整体厚度定义为 180 mm；结构深度定义为 180 mm；突沿轮廓定义中选择"球鼻形突沿"轮廓族文件，设置其长度为 38.1 mm，并只在楼梯前缘显示；踏板厚度设置为 57 mm。这个数值需要结合突沿样式及相关标准决定；踢面到踏板的连接类型选择"踏板延伸至踢面下"。检查平面及剖面的尺寸数值，确定楼梯的几何属性设置符合项目要求及建筑条例。

（2）可见性设置

楼梯的可见性由可见性控制中的模型和注释类别控制。进入模型平面视图，在可见性中选择楼梯类别并打开子类别菜单，可通过选择复选框来确定显示内容（见图 3.87）。有些子分类内容是相对于特定视图的，大部分楼梯的子分类都是针对平面的，比如剖切线、轮廓线、楼梯路径等。又因为可见性设置优先级高过对象样式，只会对单一视图有影响，因此在某一视图对楼梯元件子类别的调整不会对其他视图造成影响（见图 3.88）。

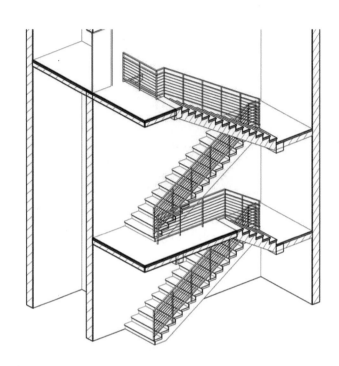

参数	值
计算规则	
最大踢面高度	170.0
最小踏板深度	280.0
最小梯段宽度	1000.0
计算规则	编辑…
构造	
梯段类型	Structural(180d)
平台类型	Structural(180d)
功能	内部
构造	
整体厚度	180.0
构造	
下侧表面	平滑式
结构深度	180.0
材质和装饰	
整体式材质	WB_Concrete_Cast-In-Situ
踏板材质	WB_Vinyl_SlipRetardent
踢面材质	WB_Concrete_Cast-In-Situ
踏板	
踏板	☑
踏板厚度	57.0
踏板轮廓	默认
楼梯前缘长度	38.0
楼梯前缘轮廓	球鼻形突沿：球鼻形突沿
应用楼梯前缘轮廓	仅前侧
踢面	
踢面	☑
斜梯	☐
踢面厚度	12.5
踢面轮廓	默认
踢面到踏板的连接	踏板延伸至踢面下

图 3.86　楼梯类型编辑器

可见性设置-模型类别

楼梯
　　〈高于〉剪切标记
　　〈高于〉支撑
　　〈高于〉楼梯前缘线
　　〈高于〉踢面线
　　〈高于〉轮廓
　　剪切标记
　　支撑
　　楼梯前缘线
　　踢面/踏板
　　踢面线
　　轮廓
　　隐藏线

可见性设置-注释类别

　　楼梯平台标记
　　楼梯支撑标记
　　楼梯标记
　　楼梯梯段标记
　　楼梯路径
　　　〈高于〉向上箭头
　　　向上箭头
　　　向下箭头
　　　文字（向上）
　　　文字（向下）
　　楼梯踏板/踢面数

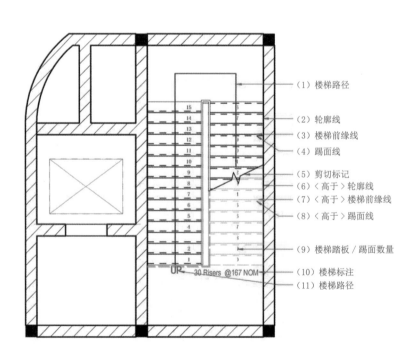

（1）楼梯路径
（2）轮廓线
（3）楼梯前缘线
（4）踢面线
（5）剪切标记
（6）〈高于〉轮廓线
（7）〈高于〉楼梯前缘线
（8）〈高于〉踢面线
（9）楼梯踏板/踢面数量
（10）楼梯标注
（11）楼梯路径

图 3.87　楼梯元件子类别及平面显示效果

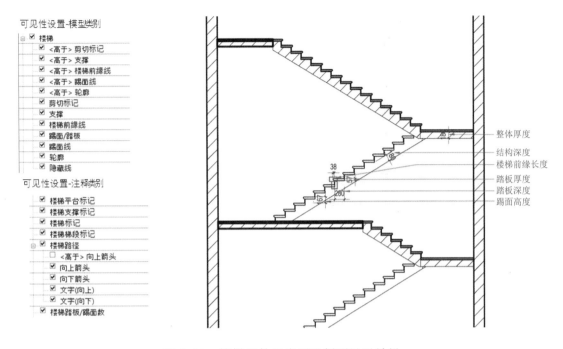

图 3.88　楼梯元件子类别及剖面显示效果

（3）显示控制

对象样式和类型编辑器同样是楼梯元件的第一层控制，对象样式中定义了楼梯的踢面、踏步、轮廓、前缘线等的线宽、线型、颜色；类型编辑器中则定义每一个组成部分的几何属性、材料及每种材料剖切面的填充图案。模板设置中可根据需求直接在这两个设置面板中修改，任何修改都会应用到整个项目文件中。它们从最宏观的层面定义的模型的显示方式，表达了最直观的制图效果。

至于其他优先等级更高的设置，则更多是供设计人员在建模过程中灵活使用以起到分析协调的功效，当然也可以视图模板的形式存在项目模板文件中，以提高制图效率。如图 3.89 所示，分别对可见性、过滤器、替换图元进行设置。

图 3.90 清晰显示不同设置对图面效果的影响，可见性设置中楼梯踢面线的线型设置为虚线，替换了原对象样式中的实线设置；过滤器中设置所有踢面高度大于 160 mm 的楼梯投影线要以红色显示，这个设置替换了可见性设置中对子类别的所有定义，前缘线、踢面线被统一成红色的实线；最后在替换图元中，再次修改投影线及投影样式，可以看到这个设置再次替换了之前的定义，最终呈现出不同的效果。

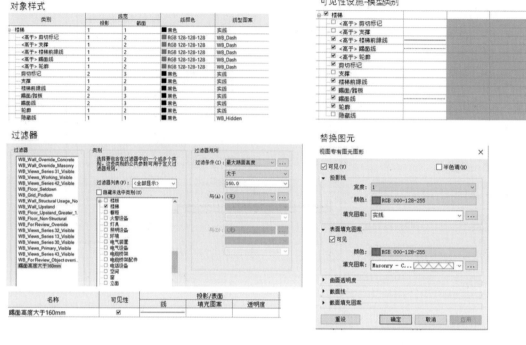

图 3.89　楼梯在对象样式、可见性设施、过滤器、替换图元中的设置

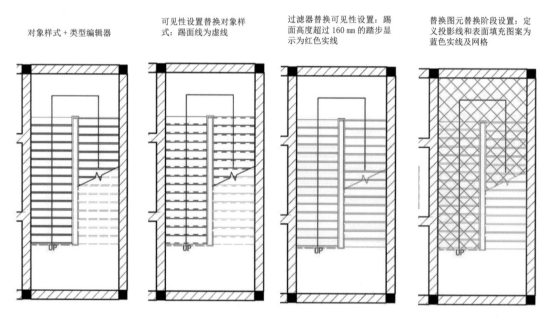

图 3.90　楼梯的图形控制优先级替换

3.3.5　模型元件—可载入族

相对于主体模型构件，可载入族并不包含在 Revit 的预定文件中，可自行创建再添加到项目文件中，种类繁多，包含门、窗、家私、装置、卫浴设备、植物、空气处理设备等，

一些符号、标题栏等也属于这个范畴。本节以门、窗、家私 3 个建筑构件中的可载入族为例，阐述可载入族建立的工作流程对其图纸输出效果的影响。

表 3.7　模型元件—可载入族

Revit 元件 Revit Elements				
模型元件 Model Elements		基准元件 Datum Elements	视图特有元件 View-Specific Elements	
主体族 Hosts	可载入族 Loadable Components		注解元件 Annotation Elements	详图 Details
墙和楼板 Walls & Floors 天花板和屋顶 Ceilings & Roof 楼梯 Stairs	窗 Windows 门 Doors 家具 Furniture	轴网 Grids 标高 Levels 参考平面 Reference Plans	文字注释 Text Notes 立面 / 剖面符号 Elevation/Section Tag 模型标签 Model Tags 符号 Symbols 尺寸标注 Dimensions	细部线 Detail Lines 填充区域 Filled Regions 2D 详图组件 2D Detail Components

1）门和窗

门、窗是基于主体族的可载入模型构件。在建筑选项卡下的构件控制面板中选择门或窗命令，然后在属性对话框中选择要添加的门类型或窗类型，即可以指定门或窗在墙上的位置。Revit 会自动在墙体族上形成门洞或窗洞来容纳相应的模型构件。建立门、窗族时要选择 Revit 默认的或相关标准的门族或窗族模板，模板中有基本的线型、子分类、族类型及相关参数设置，既可以简化族模型建立的步骤，也是确保其基本设置符合标准规范（见图 3.91）。

（1）组成分析

不同于之前的主体族，可载入族的编辑在族文件中实现，再导入到项目文件中使用，因此可载入族的子分类具有更大灵活性，所有在族文件中进行的设置都会直接反映到项目文件中，影响项目文件中对象样式及可见型设置的文件结构。前文在"模型分类及子分类"中已经介绍了如何在项目文件中通过控制门族子分类（线型、线宽、颜色、剖面、样式等）来影响门构件的各部分在平面、立面及三维视图中的显示方式。子分类的划分越细致，对模型构件的控制就越细化。而项目文件中门构件的子分类是从哪里来呢？它又是遵循什么样的定义呢？则是本节需要阐述的问题。

图 3.92 为门族在族文件面板中的基本设置，族类型中罗列了门族建立所设置的基本参数，对象样式中则定义了模型构件的分类方法。

理解模型组件的组成部分，定义每部分的几何尺寸或信息显示内容。这个步骤通常在族编辑器或项目文件中通过类型属性编辑实现	**组成分析**	• 图形：高度、厚度、宽度、门／窗框内部饰板厚度、门／窗框外部饰板厚度等，门／窗的形态和可调节参数在门、窗族的建立过程中确定 • 标签：无
控制各组成部分在不同视图中的可见性，通常在可见性／图形设置面板中通过定义子类别进行控制；或者在过滤器中进行定制化地控制	**可见性**	• 可见性设置—模型类别：门／窗（门／窗平面摆动线、立面摆动线、嵌板、框架、竖挺、洞口、隐藏线等，子类别种类在门／窗族的建立过程中确定） • 可见性设置—标记类别：门标记、窗标记
设置各组成部分在不同视图中的显示形式，比如线型、线宽、样式、颜色等。3.2 节的图形显示中提到的设置都会对模型的显示形式产生影响，并且会因为优先级的关系，互相覆盖或失效	**显示控制**	• 相关图形显示控制功能及优先级：替换图元＞过滤器＞阶段设置＞可见性设置＞对象样式
以上图形显示设置的效果大部分都只作用于 Revit 的 PDF 打印输出；CAD 导出后图层及图形效果主要受导出设置影响	**输出方式**	• CAD 输出、打印 PDF

图 3.91　门窗族成图流程

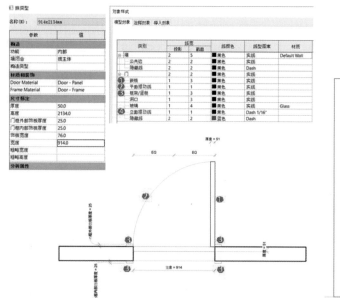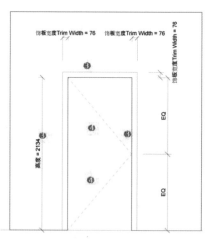

图 3.92　门族的参数及子分类

　　族文件中定义的参数分为类型参数和实例参数。类型参数从类型层面控制族文件：比如一个单扇门族可能有好几个类别，分别具有不同的宽度和高度，为了方便设计人员在项目文件中可以直接引用，可以在族文件直接建立多个类别，图 3.92 中门类别就为 914 mm×2 134 mm。导入项目文件中后可能在建筑模型中多次置入了该门类别，然后被告知该种门的标准尺寸需要被修改成 900 mm×2 100 mm，这时只需要进入门的类型编辑器修改其宽度和高度值，则所有项目文件中该类别的门族的宽度和高度值会同步被修改。这里的宽度和高度值就是类型参数。而实例参数则是从个体层面控制族文件，实例参数的修改不需要进入类型编辑器，只需要在属性栏中实现，该参数的修改只会对单一的族造成影响，不会改变其他同一类型的族。参数类型的定义在族文件中实现。

族的参数决定了该族的几何属性，而对象样式中的分类则决定了该族的组成方式。比如图 3.92 中门族就是由嵌板、平面摆动线、立面摆动线、框架 / 竖挺及其他组成。这里所说的组成部分即是子分类，这个子分类会在族文件导入项目文件时也进入项目文件中，并显示在项目文件的对象样式和可见性设置中门类别下的子类别中。所有在项目文件中进行的图形显示设置以及后期文件导出，都是基于这个基本分类来进行的。主体族的子分类为 Revit 的内置设置，可载入族的子分类则更多以定制化的方式进行。

另外一点需要特别提到的是，不管是三维模型构件还是二维线条都可以归类到子分类中。如果是三维构件，建立相应子分类类别后，选中该三维构件，则可在族文件的属性栏中选中该子分类类别；如果是二维线条则会略有不同，建立相应子分类类别后，选中二维线条，会发现属性栏中的该子分类类别自动加上了文件后缀"投影"和"截面"（见图 3.93）。比如立面摆动线子类别，选中立面视图中的立面门摆，子类别属性中应定义其为立面摆动线"投影"，因为立面门摆线只是示意门扇开合方向，并不是可以被剖切的实体；如果选中平面视图中的嵌板，则其子类别属性应定义为嵌板"截面"，因为平面显示的门扇嵌板应是基于一定剖切高度的剖切轮廓线。通过观察可知，不管是族文件还是项目文件，其对象样式都已经对子类别的截面和投影线宽进行了定义，因此只需要在族文件中对子分类进行正确的定义，视图中的各线型、线宽就能得到很好的控制。

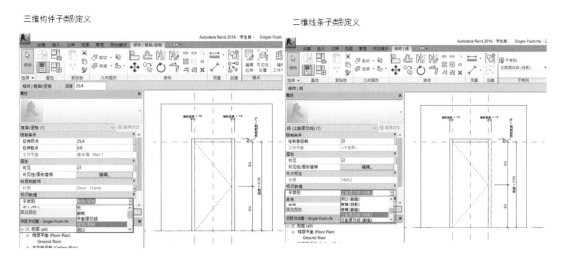

图 3.93　门族三维构件与二维构件的子分类定义

图3.94中窗族的子类别包括框架／竖挺、玻璃、窗台／盖板、立面摆动线及其他，与平、立面的对应关系如图所示。

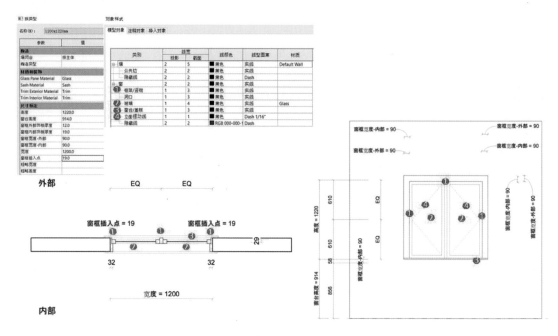

图 3.94　窗族的参数及子分类

（2）可见性

项目文件中门和窗的可见性由可见性控制中的模型类别控制，在子类别的基础上可进行更细致的调试。如果族在 Revit 中是一个近似于图层的概念，则族类别的子类别可以理解为子图层。每一个图层和子图层都可以当成单独的集合进行编辑及输出。

（3）显示控制

门和窗的显示形式受图形显示优先级的控制。图 3.95 为门窗构件在可见性设置、阶段设置、过滤器、替换图元中进行不同设置后的显示效果。图（a）平面为初始设置显示效果；图（b）天花平面在可见性设置中替换家具与卫浴设置，投影线为红色，透明度100%，门窗显示状态替换为不可见，只显示门洞位置；图（c）更改门窗设置阶段为拆毁，门窗剖切线依据阶段设置变为虚线，门窗洞消失，因为在此阶段门窗处于拆毁状态，门窗洞不存在；图（d）使用过滤器以注释为条件筛选出门窗构件，并替换门窗剖切线和投影线为红色实体线。

对象样式 + 类型编辑器

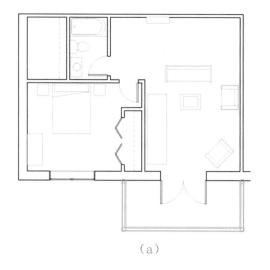

可见性设置替换对象样式：家具
及卫浴设施投影线替换为红色，
透明度为 100%，门窗显示状态替
换为不可见，只显示门洞位置

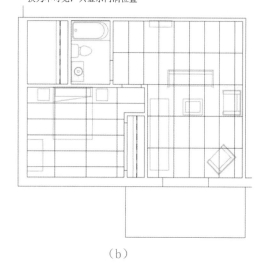

（a）　　　　　　　　　　　　　　　　（b）

更改门窗阶段为"拆毁"，阶段
设置替换可见性设置：门窗剖切
线为虚线

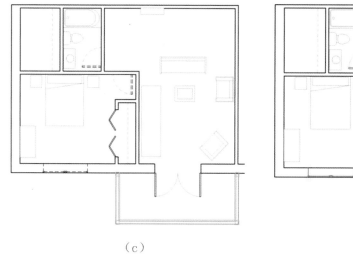

过滤器设置替换阶段设置：以注
释过滤条件，替换门窗投影线和
剖切线为红色实体线

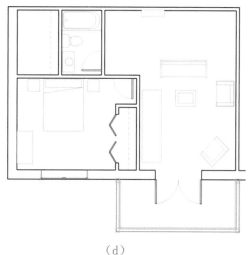

（c）　　　　　　　　　　　　　　　　（d）

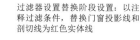

图 3.95　门窗的图形控制优先级替换

2）家具

　　家具族属于可载入模型构件，与门、窗不同的是它不需要依附主体族，导入项目文件后可放置在任意空间位置。当提到家具时，通常的理解是室内为起居或工作方便配备的各种用具，Revit 中的家具族概念略有不同。Revit 有两类族模板用来建立通常意义上的家具，一个是家具族，一个是橱柜族。前者是不可剖切族，后者是可剖切族。当可剖切族与剖切面相交时，剖面显示为截面，而不可剖切族与切面相交时，只能显示为投影。

两个族模板的基本设置大同小异，因此需要综合考虑项目具体制图和数据统计需求，来决定要使用哪一种族模板建立家具族。此处以橱柜族为例，分析此类可载入模型元件的特性和制图效果。

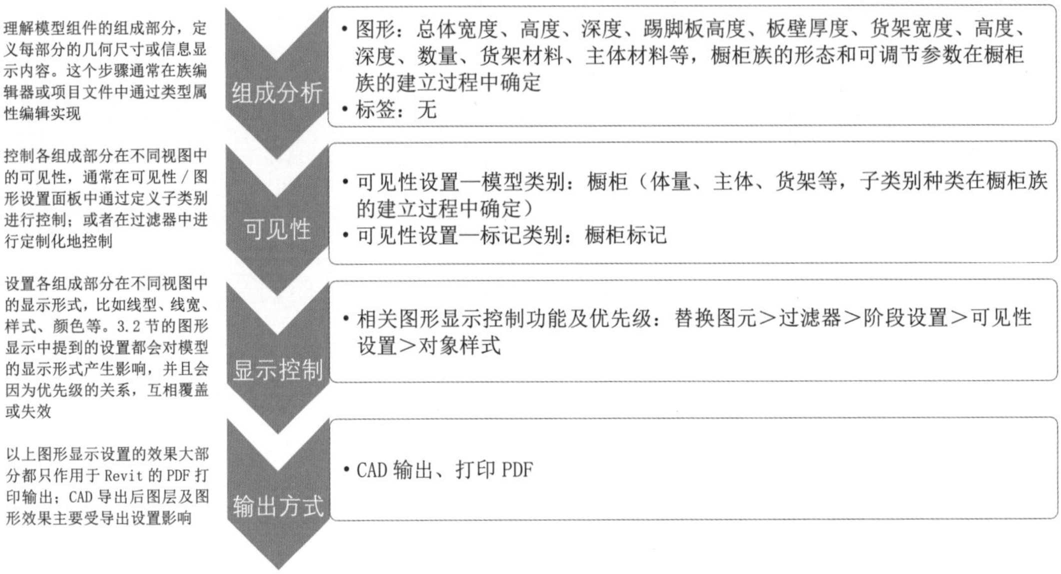

理解模型组件的组成部分，定义每部分的几何尺寸或信息显示内容。这个步骤通常在族编辑器或项目文件中通过类型属性编辑实现

组成分析
- 图形：总体宽度、高度、深度、踢脚板高度、板壁厚度、货架宽度、高度、深度、数量、货架材料、主体材料等，橱柜族的形态和可调节参数在橱柜族的建立过程中确定
- 标签：无

控制各组成部分在不同视图中的可见性，通常在可见性/图形设置面板中通过定义子类别进行控制；或者在过滤器中进行定制化地控制

可见性
- 可见性设置—模型类别：橱柜（体量、主体、货架等，子类别种类在橱柜族的建立过程中确定）
- 可见性设置—标记类别：橱柜标记

设置各组成部分在不同视图中的显示形式，比如线型、线宽、样式、颜色等。3.2 节的图形显示中提到的设置都会对模型的显示形式产生影响，并且会因为优先级的关系，互相覆盖或失效

显示控制
- 相关图形显示控制功能及优先级：替换图元＞过滤器＞阶段设置＞可见性设置＞对象样式

以上图形显示设置的效果大部分都只作用于 Revit 的 PDF 打印输出；CAD 导出后图层及图形效果主要受导出设置影响

输出方式
- CAD 输出、打印 PDF

图 3.96　橱柜族成图流程

（1）组成分析

图 3.97 为橱柜族在族文件面板中的基本设置，族类型编辑器中罗列了橱柜族建立所设置的基本参数，对象样式中则定义了模型构件的分类方法。族类型中的参数决定了该族的几何属性，而对象样式中的分类则决定了该族组成方式。示例中橱柜族由主体、体量、货架组成，可根据项目需求进一步细化，比如板壁、踢脚板、标志、灯箱等。族类型参数项设置非常灵活，可加入公式，也可运用 YES/NO 语句控制构件显示与否。

（2）可见性

项目文件中橱柜的可见性由可见性控制中的模型类别控制，在子类别的基础上进行更细致的调整。在定义族的过程中子分类的定义越详细，对模型构件的控制程度也会越高。但也要避免过于详细，失去了子分类的普适性，为文件共享的工作流程带来隐患。

（3）显示控制

橱柜的显示形式受图形显示优先级的控制。图 3.98 为橱柜构件在可见性设置、阶段设置、过滤器、替换图元中进行不同设置后的显示效果。

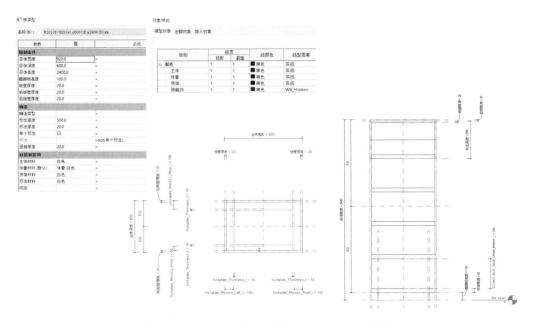

图 3.97　橱柜族的类型编辑及对象样式设置

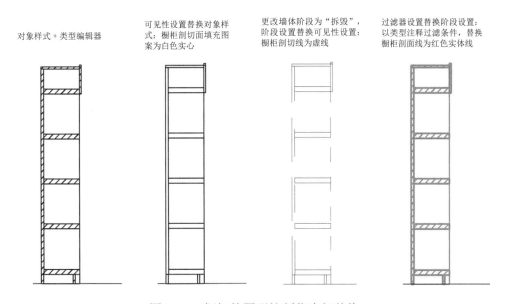

图 3.98　橱柜的图形控制优先级替换

【学习测试】

问题 1：注解元件的含义是什么？列举几个属于注解元件范畴的 Revit 元件例子。

问题 2：如何向 Revit 添加特殊的字体符号？

问题 3：Revit 立面 / 剖面符号是一个复合型的注解元件，其设置包含哪几个组成部分？

问题 4："模型标记"族中的"标签"信息来自项目文件还是族文件？

问题 5：Revit 尺寸标注中的数字及文字是可以手动修改的吗？

问题 6：详图元件的含义是什么？列举几个属于注解元件范畴的 Revit 元件例子。

问题 7：详图元件需要包含到模版文件中吗？判断依据是什么？

问题 8：基准元件的含义是什么？列举几个属于基准元件范畴的 Revit 元件例子。

问题 9：基准元件的三维属性体现在哪些方面？

问题 10：主体族元件的含义是什么？列举几个属于主体族元件范畴的 Revit 元件例子。

问题 11：墙体轮廓投影线、剖切线的基本设置应该在哪个功能选项卡中实现？

问题 12：主体族的子分类众多、视图显示也受诸多因素影响，以楼梯元件为例，尝试替换剪切标记样式、楼梯前缘线及梯面线样式并隐藏所有超过剪切标记模型部分。

问题 13：可载入元件的含义是什么？列举几个属于可载入族元件范畴的 Revit 元件例子。

问题 14：门窗族在平面及天花平面中的显示有何不同？如何通过显示设置实现？

问题 15：家具族在平面及天花平面中的显示有何不同？如何通过显示设置实现？

3.4 信息输出设置 (Export Setting)

文件共享是任何项目进程中不可避免的一部分，比如系统设置中的中心文件就是为了实现不同部门及不同设计人员间基于 Revit 平台的信息共享。但在很多情况下，与其他传统软件的信息共享与互通也很重要。这样的软件种类繁多，这里主要介绍 Revit 导出 CAD、PDF 及明细表的工作流程。

AutoCAD 作为主要媒介不仅是因为它在行业内拥有广泛市场，即使 Revit 应用较为成熟的区域，主要承包商和分包商对 AutoCAD 的使用也大量存在；也是因为它是业界向 Revit 过渡阶段必须协调作业的平台，换句话说，在相当长一段时间内，Revit 和 AutoCAD 的共同使用是一个必然。应用得好，可以相辅相成、平稳过渡；应用得不好，则是互相掣肘。Revit 转 CAD 支持导出为以下文件格式：DWG 格式是 AutoCAD 和其他 CAD 应用程序所支持的格式；DXF 是一种许多 CAD 应用程序都支持的开放格式，是描述二维图形的文本文件，文件较大；DGN 是受 Bentley Systems, Inc. 的 Microstation 支持的格式；ACIS(SAT) 格式是一种受许多 CAD 应用程序支持的实体建模技术，即是主要用来进行模型交互，比如 Sketchup Rhino，等等。本节以 DWG 文件导出为例进行导出设置说明。Revit 的工作流程与 CAD 有本质不同，这也导致了 Revit 导出的 DWG 文件与 AutoCAD 直接生成的 DWG 有所不同。需要知道的是，DWG 文件生成只是 Revit 功能中极少的一个组成部分，其中一些传统 CAD 功能缺失的原因并不是软件功能的不足，而是因为工作流程和方法的深层次原因，对于信息的准确传递方面是没有影响的。

在实际应用中，DWG 文件输出的主要目的是实现与其他顾问、承包商及分包商的对话，用来作为链接背景文件实现设计信息共享和设计方面的推敲。图纸的提交、审批、归档则多使用打印到 PDF 格式的方式实现，因为导入 CAD 之后常常需要大量时间的二次规整才能打印出符合标准的图纸，而 PDF 打印可以做到"输出即所见"。前文提到的图纸标准化设置主要都是针对 PDF 打印出图所进行的。

最后一个需要提到的信息输出方式则是明细表。明细表通常作为图纸输出的一部分被放置于图框范围内，也可以输出为 .txt 格式在 Excel 中进行编辑计算。通过明细表，设计人员可通过不同的筛选、排列、分组、计算等工具，将相似的模型元件综合分析，以达到类似整理表单的功能；也可以使用"材料明细表"，以材料为主体，统计各种模型元件所占的面积和体积，在运用筛选及计算功能，将材料数量过滤或加总，得到所需的统计数值；另一个需要特别提到的明细表类型就是关键明细表（Key Schedule），关键明细表的功能是定义并使用关键字来自动录入一致的明细表信息，比如门的明细表可能包含 100 个具有相同门挡、铰链、把手、门锁等五金构件的门类型，则不需要在明细表中手动输入这100 个门的这些信息，只需定义关键字，即可自动填入这些信息。

3.4.1　Revit 和 AutoCAD 的图层

AutoCAD 用图层来控制所有图形信息，这种图层分类不仅反映了公司标准设计规范，也在某种程度上反映了设计人员对设计元素的组织逻辑。同理，Revit 的图层导出结构也是软件系统、设计规范以及用户自定义的综合体。Revit 对模型元件的管理架构极为严谨，这个架构也直接决定了导出 CAD 后的图层架构。因为 Revit 会按模型分类和子类别将所有模型元件分配到相应的图层，比如元件门模型分类是门，然后包含子分类门扇、门框、五金等，导出到 CAD 时图层也会以此为准进行分类。

这个分类是 Revit 软件系统内置的默认分类，定制化的空间极其有限，有时就会造成设计人员，特别是之前主要使用 CAD 的设计人员工作上的某些不适应。比如尺寸标注，在综合机电图的习惯性表达中，不同服务系统的图形颜色是与尺寸标注一致的，送风系统的图层颜色是绿色的话，所有有关的标注也应是绿色。而对于 Revit 来说，所有标注只分为两类，标注和自动标注。导出的 DWG 文件里的尺寸标注也只会由两个图层控制，即使在 Revit 中设置了不同的标注样式，用不同颜色区分，导出 DWG 文件之后也会被归入同一个图层（Bylayer）。

不仅如此，Revit 以单一的族文件为基本单位导出块（Block）文件，即使嵌套族（Nested family）导出后也会变成分开的块。比如家具嵌套族中可能同时包含桌子和凳子两个族，在 Revit 模型环境中它们可以作为一个整体的块被选中，但导出成 DWG 文件之后就会变成分开的块。

另一个 DWG 文件模板设置的习惯是，将所有需要的图层属性都设置完毕，制图时则选择相应的图层，在该图层中进行各点、线、面的绘制。Revit 则刚好相反，建模时没有设置图层这个步骤，任何模型构件都有自己的类型分类，而这个分类又会自动对应相应的导出图层。比如，在模型中加入一扇门，并不需要建立一个门图层来容纳这个几何图形，而是这扇门作为"门"这个属性会自动将它归入正确的分类及图层。这个属性也决定了Revit 导出的 DWG 文件只会包含模型中存在的内容，比如模型文件如果有地板元件，导出的 DWG 文件中就会有地板图层，反之则没有。Revit 无法像在 AutoCAD 工作环境中一样，建立一个空的图层，而不摆放任何图形信息进去。

以上简单对比了 Revit 与 AutoCAD 图层的异同，可知两个系统内在构造及工作流程的不同导致了这些差异。以下将详述有关 CAD 文件导出及 PDF 文件打印的各种设置。

3.4.2 导出 AutoCAD

DWG 文件导出设置在"修改 DWG/DXF 导出设置"中实现，包含图层、线、填充图案、文字和字体、颜色、实体、单位和坐标、常规 8 个选项类别。其中图层、线、单位和坐标设置与制图最为相关，且较为复杂，在此详细介绍。

1）图层

图层设置面板决定了导出 DWG 的图层结构、名称、颜色，包含 5 个范畴的设置：导出图层选项（Export layer options）、根据标准加载图层（Loads layers from standards）、图层名称（Layer）、颜色 ID（Color ID）以及图层修改器（Layer modifiers）（见图 3.99）。"导出图层选项"决定是"按图层"还是"按图元"导出模型属性；"根据标准加载图层"罗列了决定图层默认名称和颜色的标准类型；"图层"和"颜色"，顾名思义，用于在已经引用标准的基础上二次修改图层和颜色属性；"图层修改器"则允许我们进一步对图层进行分类及命名。下面一一说明。

如图 3.100 所示，"导出图层选项"有 3 个选项：

①"按图层"导出类别属性，并"按图元"导出替换：按类别属性决定图层，不同构件属于同一类别属性而被导出到同一图层时，以"图元"替换图层属性。

②"按图层"导出所有属性，但不导出替换：按类别属性决定图层，不同构件属于同一类别属性而被导出到同一图层时，所有构件图层属性一致。

③"按图层"导出所有属性，并创建新图层进行替换：按类别属性决定图层，不同构件属于同一类别属性时，Revit 自动形成新图层容纳该"图元"。

这里以布局网格线的导出为例，解释图元及图层的概念。网格线包含文字编号、圆形标头、标尾中心线。由图 3.101 可知，圆形标头和标尾中心线线型是不一样的，定义网格类别属性对应图层名称为"01-GRID"。第一导出选项中，标尾中心线"按图元"导出替换，

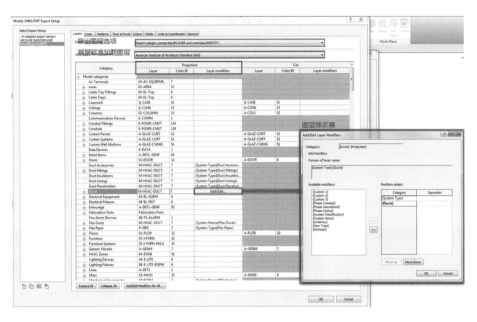

图 3.99　DWG/DXF 导出设置

图 3.100　DWG/DXF 导出设置—导出图层选项

新建与 Revit 线型匹配的线型类别"Grid Line"，使标尾中心线在图层"01-GRID"中得以保持其线型表达；第二导出选项中，由于不导出替换，标头标尾被导出到同一图层，并统一表达为实体线；第三导出选项中，标头及文字"按图层"导出，标尾中心线导出到新图层，线型按新图层表达。至于尺寸标注，在 Revit 界面中设置的两种尺寸标注类型导出后属于同一图层"02-DIM"。"导出图层选项"设置可根据项目需求灵活调整，通常导出选项 3 应用比较广泛，因为它最大程度细化了图层划分，方便任何在 AutoCad 可能的二次编辑。见微知著，Revit 导出的 DWG 文件与 Revit 界面中的图面表达差异颇大。因此，实践中制图通常通过打印 PDF 的命令实现，而导出的 DWG 文件则主要用于不同平台的部门间的协调合作。

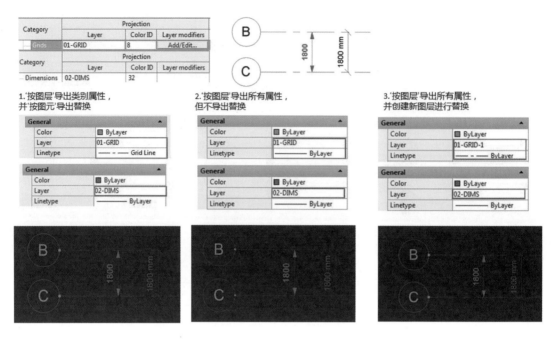

图 3.101　导出图层选项与 AutoCAD 中的图层显示

从"根据标准加载图层"下选择一个标准，Revit 可使用该标准定义各类别属性到相应的预配置图层。标准加载图层包含：美国建筑师学会（AIA）、ISO 标准 13567、新加坡标准 83、英国标准 1192（见图 3.102）。不同标准的选定并不会影响 Revit 模型构件分类的架构，而只会影响映射到该图层的名称及颜色 ID。在标准框架下对图层及颜色进行二次调整，可以通过直接输入数值的方法实现。

图 3.102　DWG 导出控制面板—根据标准加载图层

最后一个可以影响图层配置的设置就是"图层修改器"，这个功能可以进一步对图层进行分类定义。比如，对同一个类别属性划分阶段或系统类别。以系统类型为例，进入管道及相关类别的图层修改器对话框，在类别定义中加入系统类型。比如管道，在修改器中选择系统类型，加入修改条件列表中，并以此类推，完成其他管道及相关配件的图层修改，则机电模型中的风管／管道可以根据系统类型进行图层分类。图 3.103（a）是 Revit 默认类别属性图层定义设置，图（b）则为加入系统类别图层修改器的步骤。

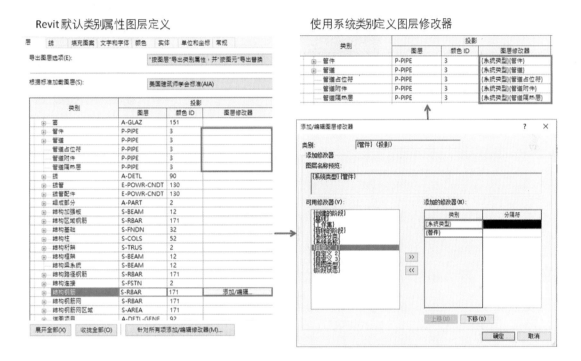

（a）Revit 默认类别属性图层定义　　　　（b）使用系统类别定义图层修改器

图 3.103　DWG 导出控制面板—图层修改器

如图 3.104 所示，导出的 DWG 文件中，图（a）为 Revit 默认图层设置导出到 DWG 后的图层示意，所有管道及相关构件被归入同一个"P-PIPE"图层中；图（b）为加入图层修改器后导出 DWG 文件的图层示意图，管道及管件根据不同的系统类型被分配到不同的图层。图层名称则是由机电建模时定义的系统类型名称决定。

2）线

Revit 汇出线条定义包含"线型比例"及"将 Revit 线条样式对应到 DWG 中的线型"两个设置如图 3.105 所示。要了解"线型比例"设置如何控制 Revit 导出的 DWG 文件的默认行为，需要了解两个概念，一个是 LTSCALE 模型空间线型比例；另一个是 PSLTSCALE 图纸空间线型比例。这两个概念源自 AutoCAD，顾名思义，它们控制了线型在模型及图纸空

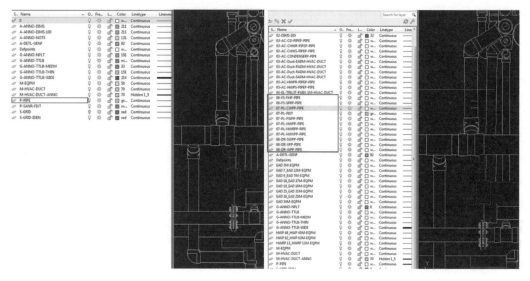

（a）Revit 默认类别属性图层定义—导出 DWG 图层示意

（b）使用系统类别定义图层修改器—导出 DWG 图层示意

图 3.104　使用图层修改器控制图层导出

图 3.105　DWG 导出控制面板—设置线型比例

间的表现形态。LTSCALE 可以有多个设置值，通常设置值为 1，代表所有线型都按照定义的尺寸显示。PSLTSCALE 可以设置为 0 或 1，0 代表忽视图纸空间视图比例，线型按模型空间定义显示；1 则代表线型可以根据视图比例缩放。

图 3.106 所示为楼梯平面在 Revit 界面中的表达，楼梯踏步由同一类型虚线表达，左边平面比例为 1∶100，右边为 1∶20。可见视图空间中，模型平面按比例缩放；线型定义保持设置，即虚线长度和空格为 1.6 mm，总长度按比例缩放。

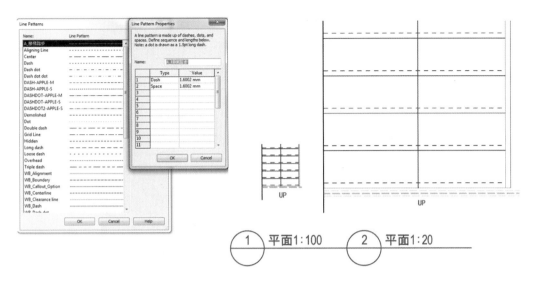

图 3.106　设置线型比例（Revit 平面显示）

导出 CAD 时"线型比例"设置 3 个选项：

①比例线型定义：按视图比例缩放线型，保留图形意图，通常不会使用这个选项，因为线型表达会被直接等比例放大，而无法满足不同比例视图的表达需求。如图 3.107 所示，楼梯模型元件在被放大 5 倍的同时，踏步线线型也被放大了 5 倍，虚线与空格的长度在 1 ： 20 的平面中显得过宽。

②模型空间（PSLTSCALE=0）：此选项将 LTSCALE 设为视图比例，PSLTSCALE 设为 0，意即图纸空间无特殊线型比例，模型空间线型保持基本几何定义（虚线及空格长度），并由视图比例控制线型比例。图 3.108 为图纸空间，可见 Revit 界面中的虚线无法正确表达。如果导出的 CAD 图形主要在模型空间进行应用，比如给其他专业作为底图应用，并直接在模型空间来重新出图，则可以使用这个选项。

③图纸空间（PSLTSCALE=1）：将 LTSCALE 和 PSLTSCALE 参数均设置为 1，意即将按比例缩放 Revit 线型定义以反映视图比例的变化。这个设置是 AutoCAD 也是 Revit 的默认设置，也是 Revit 用于制图时的首选。如图 3.109 所示，楼梯踏步虚线在保持虚线及空格的几何关系的同时正确缩放长度，满足图面表达需求。对于同一张图纸空间放置了多种比例视图的情况，尤其应该选择这个设置。

"将 Revit 线条样式对应到 DWG 中的线型"在默认情况下，在导出时会自动为映射表中列出的所有 Revit 线型生成一个相应的 DWG 线型，该线型与 Revit 线型图案设置匹配。如果要将某个线型文件映射到当前加载的 .lin 文件中特定的 DWG 线型，则需要单击线型图案所对应的值，然后从下拉列表中选择所需线型。需要注意的是，如果选定线型包含 Revit 无法验证的特殊线段定义，则会自动生成线型，并且可能无法以预期方式显示导出

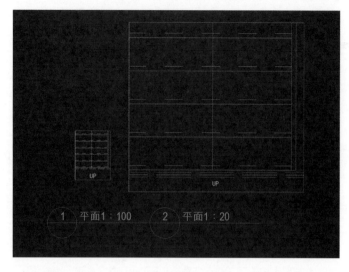

图 3.107　设置线型比例—按比例线型定义导出（AutoCAD 平面显示）

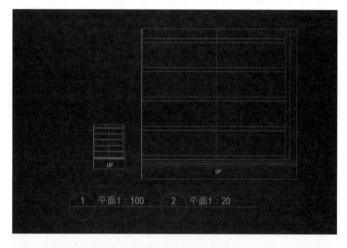

图 3.108　设置线型比例—按模型空间定义导出（AutoCAD 平面显示）

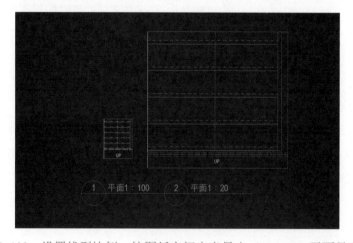

图 3.109　设置线型比例—按图纸空间定义导出（AutoCAD 平面显示）

的图元。同样的道理适用于填充图案、文字和字体的相关设置。

3）单位和坐标

对于英制项目，DWG 导出的默认单位是英寸，另有英尺可供选择；对于公制项目，默认单位是米，另有厘米、毫米可供选择。

另外，导出坐标系基础也可选择以 Revit 项目的内部坐标为准，还是使用与其他链接模型共享的坐标。前者导出文件的原点（0，0，0）设置为 Revit 项目的内部坐标，后者则为项目的共享位置（见图 3.110）。这个选项并没有特定答案，因为理想状态下，模型协调共享中都在 Revit 工作界面中完成，坐标系的完善也主要在项目文件中实现。导出的图纸或为了满足制图需要，或提供给其他部门做设计参考链接使用，因此对于导出坐标并没有严格要求。实践中，倾向于使用项目内部坐标选项。

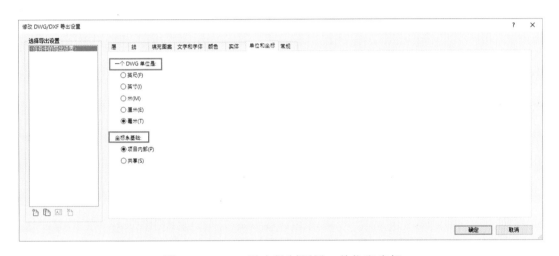

图 3.110　DWG 导出控制面板—单位和坐标

3.4.3　打印至 PDF

Revit 制图主要由 PDF 实现，因为打印至 PDF 基本可做到"输出即所见"，不会有 CAD 输出时图层、线型等的二次调整工作。

1）设置打印图集

大量图纸输出时可通过设置打印图集提高制图效率。按"Ctrl+P"进入打印对话框，在打印范围中可根据视图或图纸进行分类，再按需求进行分类命名管理。文档选项中选择"将多个所选视图 / 图纸合并到一个文件"选项，即可一次性输出整份图集。如图 3.111 所示，概念设计图集包含 11 张图纸，打印结果会为一份 11 页的 PDF 文档。

2）Revit 打印设置

在打印设置界面中，可根据不同需求设置多种打印类型，最简单的是以尺寸来区分不同类型。图 3.112 所示为有关打印类型 A1 的一些设置。

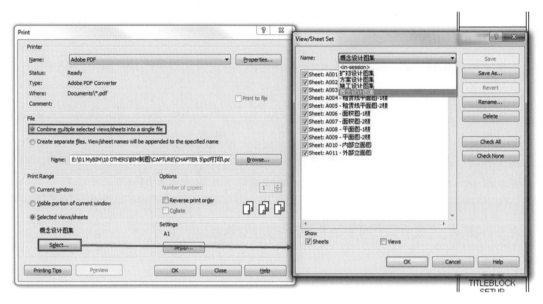

图 3.111　PDF 打印设置—设置打印图集

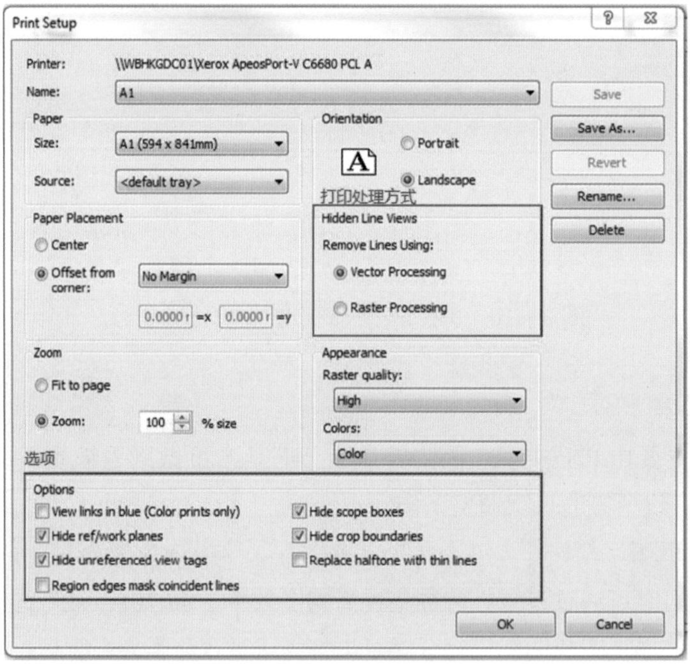

图 3.112　PDF 打印设置—打印处理方式及选项

　　除了尺寸、排版、缩放比例这些基本设置外，特别值得一提的是"打印处理方式"及"选项"的设置。Revit 打印视图和图纸时，可以选择矢量处理和光栅处理，系统的默认设置为矢量处理，因为矢量处理生成的打印文件通常要比光栅处理小得多，并且矢量处理的速度通常要比光栅处理快。更重要的一点是，矢量处理最简单的形式是简单线条绘制，没有任何形式的抗锯齿，这样会缩短处理时间，但缺点就是图像会显得不清晰，线条也不够干净明晰。在实践中，其不清晰程度甚至会影响审图的结果，因此建议在 PDF 打印中选择性地使用矢量处理方式打印。不过在以下情况下，Revit 会自动进行光栅处理：

①视图使用着色、阴影、渐变或勾绘线。

②视图已渲染。

③视图中包含一个图像。

④视图使用点云。

⑤视图中包含贴花。

如果要打印一组图纸和视图，并已选择"矢量处理"，Revit 将对符合上述条件的各个视图使用光栅处理。对于剩余的视图和图纸，Revit 将使用矢量处理。

"选项"设置包含 7 个选项，解释如下（实际应用中，建议勾选的选项会特别提及）：

①用蓝色表示视图链接：所谓视图链接就是所有平立剖索引面符号，默认情况下打印为黑色，也可选择蓝色。

②隐藏参照 / 工作平面：建议勾选，打印时可隐藏参照 / 工作平面。

③隐藏未参照视图标记：建议勾选，打印时隐藏不在图纸中的平立剖索引面符号，比如平面中已建立一个剖面符号，但该剖面只是临时用来作设计参考，而并没有放在图集中，则即使在 Revit 界面中可见，打印出来后也不会显示。这在实践中，是一个非常实用的选项。

④区域边缘遮罩重合线：如果希望遮罩区域和填充区域的边缘覆盖与它们重合的线，请选择此选项。

⑤隐藏范围框：建议勾选，范围框通常与裁剪边界共同使用，用来规范排版及不同层数视图显示范围，应用广泛，但并不需要出现在图纸中。为避免大量打印时忘记隐藏某些视图的范围框，则可勾选该选项。

⑥隐藏裁剪边界：建议勾选，如上所述裁剪边界通常会与范围框关联。为避免大量打印时忘记隐藏某些视图的裁剪边界，则可勾选该选项。

⑦将半色调换为细线：如果视图以半色调显示某些图元，请选择该选项以将半色调图形替换为细线。

3）PDF 打印设机置

最后一个会影响 PDF 打印最终效果的设置就是打印机设置（见图 3.113）。打印质量设置中的分辨率会直接影响曲线的输出效果。

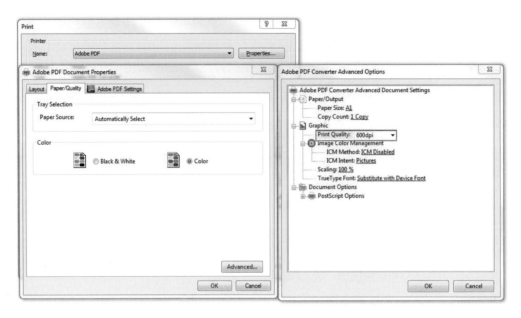

图 3.113　PDF 打印设置—打印机设置

图 3.114 所示为天花筒灯及消防头打印效果示意，dpi 默认设置值为 300，通常都可基本满足需求，但当图面包含大量细致的模型构件及曲线时，则需要调整解析度值以达到图面输出的需求。当然，较高的解析度也会影响文件尺寸及输出时间，可根据输出图纸的数量及时限做出调整，以取得多方的平衡。

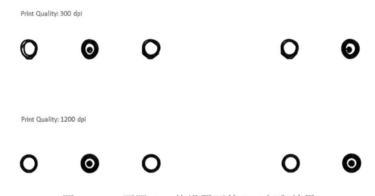

图 3.114　不同 dpi 值设置下的 PDF 打印效果

3.4.4　明细表

BIM 模型中包含大量信息，如几何形状的尺寸、面积、体量、材料；又或者模型构件的其他工程信息，比如产品型号、成本、制造商等。Revit 模型构件内置有大量参数可供"明细表"功能筛选、排列、计算、重组，也可以通过共享参数引入新的模型参数。在模板设置中，可根据制图需求建立好明细表格式供设计人员直接引用。

明细表的优势非常明显，模型与信息统一，一个建模工作流程，便可输出图形、数据多重信息。缺点（也可以说是难点）则是建模流程及精度要求高。明细表的准确性建立在模型准确性的基础上，虽然相对于传统工程估算，Revit 模型算量基于"所建即使所计"，理论上应该更为准确，但用于算量的模型精确度要求较高，对建模方式也有要求，比如计算不同标号水泥的体量，就要求设计人员在建模初期就把水泥标号这一信息输入到模型构建属性中，并且建模中需要时常"连接几何图形"，以避免重叠造成的误差；又或者根据不同的工程算量标准，对模型构件进行适当的分类、命名，以充分发挥明细表的筛选、排列功能。

另外需要注意的是明细表的格式。Revit 输出明细表的格式灵活性不高，无法做到完全等同于制图标准要求的图表格式。这时就需要权衡是适应软件功能还是适应制图标准。考虑到 Revit 强大的数据库功能以及模型信息一体化的优势，在某些制图环节可以考虑适应软件功能，后面制图实践章节中会进一步对比分析异同。

1）类别明细表

类别明细表是最为常见的明细表类型。在视图选项卡下的创建控制面板中选择"明细表、数量"功能，在"新建明细表"对话框中可以选择不同的类别和阶段来创建表格。以图 3.115 门明细表为例，明细表对话框中包含 5 个控制面板，分别是字段、过滤器、排序 / 成组、格式、外观。

①字段控制面板中选择类别对象，如门，接着从可用字段中选择需要列入明细表的字段，如族、类型、宽度、高度、标高、类型注释，如有需要也可定义新字段或添加公式计算值。

②过滤器控制面板中可定义过滤条件，比如通过定义标高使表格中只显示某一楼层的统计值，又或是通过定义族使表格中只显示某一门类型的统计值。

③排序、成组控制面板则决定了表格数据的组织及排序方式，如图 3.115 用 3 个字段控制了门统计值的排序方式。首先是族，则右边表格中以门的族类型对统计值进行了第一次分类，分别是单扇玻璃门、单扇门、卷帘门、双扇玻璃门、双扇门、四扇门；接着是类型，则每一个门族类别中又列出了不同的门类型，如单扇门有 762 mm×2 032 mm 的类型，也有 9 142 mm×2 032 mm 的类型；最后一个控制字段是标高，因此当同一门类型属于不同楼层时在表格中也会分别列出。同时定义"分类"和"类型"为页脚，并显示合计和总数，则表格中的门总数以类型为基准进行计算，一次性得出不同楼层所有门的数量及总数，如果定义标高为计算基准，则会显示以楼层为基准的合计和总数。可根据项目要求灵活调整以获得需要的数值。

④格式、外观则用来定义表格的字体、标题、轮廓、网格线等与最终输出效果相关的部分。实践中，由于 Revit 表格格式的局限，也常将表格以 .txt 形式输出，并链接到 Excel 中进行复杂的表格形式编辑。

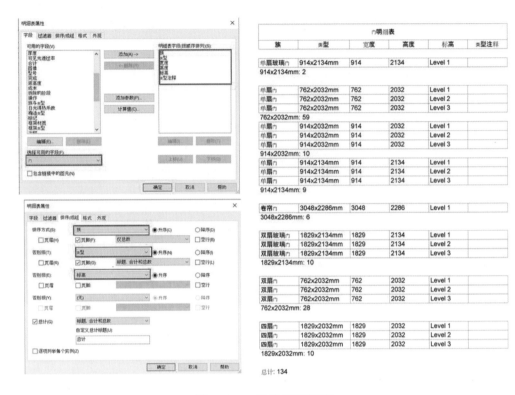

图 3.115　门类别明细表

2）材料明细表

由类别明细表的创建过程可知，通常使用的明细表受类别分类的影响，无法同时列出不同种类模型元件的统计值，在计算材料数量时就会造成很大的麻烦。工程进行时，需不断地估算材料的需求和数量，若各个种类分别计算再加总，会显得烦琐、低效，并且增加了错误的概率。针对这个状况 Revit 提供了另一种明细表类型。在视图选项卡下的创建控制面板中选择"材质提取"功能，在"新建材质提取"对话框中选择"多类别材质提取"，然后即可进入如图 3.116 所示的"材质提取属性"编辑对话框，同样包含 5 个字段，编辑过程及逻辑也与明细表同。图 3.116 统计出项目文件中的材料面积及体积，包含砖石混凝土、塑胶板、金属板、石膏板等，并将其加总，列于"多类别材料提取"明细表中。

3）关键明细表

关键明细表可以通过定义和使用关键字自动添加一致的明细表信息。明细表可以包含多个具有相同特征的元件。例如，门明细表中可能包含多个具有相同五金配置的门类别，又或者房间明细表中可能包含多个具有同样地板、天花和基面面层的房间。这时不需要在明细表中手动多次输入这些相同信息，只需定义关键字，就可自动填充信息。

如图 3.117 所示，新建门五金配置关键字明细表，设置关键字为门类型，新添加五金相关参数，如拉手、合页、闭门器、门吸、地轨等，然后添加需要批量添加五金信息的门类型，比如木门、沐浴房玻璃门、金属推拉门等，并输入五金材料的规格型号。然后打开之前的门类型明细表，字段控制面板中会出现添加的所有参数。添加门类型及其他五金参数到明细表显示字段，接着回到门明细表截面，在门类型下拉列表中选择相应类型，则该门类型的五金信息会自动填入。同样，如果需要添加品牌、订购一类的信息，也可添加相应关键字列表，并与类别明细表结合使用。所有新添加的字段可以作为过滤及分组条件，方便以不同主体对象进行检视及统计。

多类别材质提取				
族与类型	材质: 名称	材质: 面积	材质: 体积	材质: 说明
Elevator-Hydraulic: 2500 lbs	Metal - Steel	67 m²	1.36 m³	
		67 m²	1.36 m³	
Entertainment Center: Entertainment Center	Laminate - Ivory, Matte	82 m²	1.65 m³	
		82 m²	1.65 m³	
基本墙: Generic - 8" Masonry	Masonry - Concrete Masonry Units	104 m²	19.93 m³	
		104 m²	19.93 m³	
基本墙: Interior - 4 7/8" Partition (1-hr)	Gypsum Wall Board	342 m²	5.43 m³	Interior finish
		342 m²	5.43 m³	
基本墙: Interior - 6 1/8" Partition (2-hr)	Gypsum Wall Board	1476 m²	23.44 m³	Interior finish
		1476 m²	23.44 m³	
总计		2071 m²	51.81 m³	

图 3.116　材料明细表

门明细表					
族	类型	宽度	高度	标高	类型注释
单扇玻璃门	914x2134mm	914	2134	Level 1	
914x2134mm: 2					
单扇门	762x2032mm	762	2032	Level 1	
单扇门	762x2032mm	762	2032	Level 2	
单扇门	762x2032mm	762	2032	Level 3	
762x2032mm: 59					
单扇门	914x2032mm	914	2032	Level 1	
单扇门	914x2032mm	914	2032	Level 2	
单扇门	914x2032mm	914	2032	Level 3	
914x2032mm: 10					

+

门五金配置表								
关键字名称	拉手	合页	闭门器	门吸	地轨	门锁	地锁	地弹簧
地弹门	定制	n/a	n/a	n/a	n/a	n/a	HY-005	HY-006
木门	定制	HX-001	NX-002	HX-003	n/a	HX-004	n/a	n/a
淋浴房之玻璃门	HF-2151	n/a	n/a	n/a	n/a	n/a	n/a	n/a
金属推拉门	定制	HE-001	HE-002	HE-003	HE-004	HE-005	n/a	n/a

=

门明细表														
族	类型	宽度	高度	标高	类型注释	门类型	拉手	合页	闭门器	门吸	地轨	门锁	地锁	地弹簧
单扇玻璃门	914x2134mm	914	2134	Level 1		淋浴房之玻璃门	HF-2151	n/a	n/a	n/a	n/a	n/a	n/a	n/a
914x2134mm: 2														
单扇门	762x2032mm	762	2032	Level 1		木门	定制	HX-001	NX-002	HX-003	n/a	HX-004	n/a	n/a
单扇门	762x2032mm	762	2032	Level 2		木门	定制	HX-001	NX-002	HX-003	n/a	HX-004	n/a	n/a
单扇门	762x2032mm	762	2032	Level 3		木门	定制	HX-001	NX-002	HX-003	n/a	HX-004	n/a	n/a
762x2032mm: 59														
单扇门	914x2032mm	914	2032	Level 1		金属推拉门	定制	HE-001	HE-002	HE-003	HE-004	HE-005	n/a	n/a
单扇门	914x2032mm	914	2032	Level 2		金属推拉门	定制	HE-001	HE-002	HE-003	HE-004	HE-005	n/a	n/a
单扇门	914x2032mm	914	2032	Level 3		金属推拉门	定制	HE-001	HE-002	HE-003	HE-004	HE-005	n/a	n/a
914x2032mm: 10														
单扇门	914x2134mm	914	2134	Level 1		(无)								
单扇门	914x2134mm	914	2134	Level 2		(无)								
单扇门	914x2134mm	914	2134	Level 3		(无)								
914x2134mm: 9														

图 3.117　关键明细表

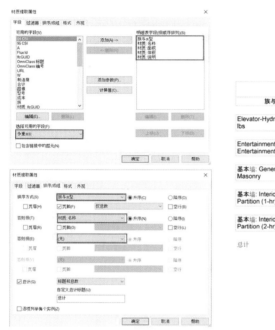

【学习测试】

问题 1：Revit 导出 AutoCAD 的图层由什么决定？该图层可以与直接在 AutoCAD 中建立的图层完全保持一致吗？

问题 2：如果同一张图纸空间放置了多种比例视图，导出 CAD 时"线型比例"部分应该如何设置？

问题 3：什么情况下，Revit 打印 PDF 时会自动进行光栅处理？

问题 4：哪些模型元件在 PDF 打印时，可设置为自动隐藏？

问题 5：打印机的 dpi 设置数值会影响 PDF 打印输出的曲线效果吗？

问题 6：Revit 明细表算量准确性取决于什么？

问题 7：Revit 明细表有几种类型？各有什么功能特点？

第4章
Dynamo 自动化流程探索

除了图纸标准化管理对后期制图效率影响深远外，在实际应用中一些看似简单但需要不断重复的作业也会对效率产生很大影响，比如建立大量视图或进行图框编号及名称输入等。麦肯锡报告指出，下一个十年里，可预测体力劳动集中的行业是最容易受到自动化技术威胁的行业。当然，自动化技术是本书不会涉及的另一个庞大领域，但这里给我们的启示是，对机械化重复作业进行自动化处理也是标准化管理的一个重要环节，因为标准化管理的核心是提高效率及优化流程，自动化流程显然可以满足这个需求。

现在市面上各种插件产品层出不穷，有针对建模的，也有针对数据处理的，这种专业工具的优点是简单、易使用，缺点是成本高并且缺乏定制化，因为 BIM 设计师的主要工作并非简单的软件操作，而是要借由软件的功能解决工程项目的实际问题，提高设计工作效率与减少错误。所以，在使用现有软件平台的基础上，了解如何编写自己的脚本、定义简单的逻辑，对我们的工作可以有很大的帮助。

Dynamo 是 Autodesk 的一款可视化编程工具，目标是让非程式设计师也能够像程式设计师一样对数据行为编写脚本、定义自定逻辑部分，实现更复杂的信息交换和几何分析，大到实现复杂参数化异形造型的各种概念设计，小到取代简单机械化的重复作业，应用广泛。它可以独立运行，也可以以其他软件的外挂程式执行，比如作为 Revit 的一个插件显示在标题栏中。更重要的是编写脚本的过程可以反向影响制图流程，促进设计人员思考如何使整个设计和制图流程更有逻辑性、更符合标准化管理，并且脚本可以重复性使用。因此长期来说更是获益无穷。

本章并不会对该工具的所有功能做一一介绍，针对对象是已对 Dynamo 工作方式有基本了解的读者，内容是对前面章节中图纸标准化管理主题的延伸，旨在对 Dynamo 在这一领域的应用进行一些实际应用方面的探索，抛砖引玉，使读者可由此举一反三开发出自己的 Dynamo 脚本。

4.1 脚本节点组织综述

Dynamo 脚本包含节点（Node）及线路，每一个节点执行一项命令，多个节点由线路连接形成视觉程式流，用来实现更复杂的命令。Dynamo 中的套件（Package）即是自定义节点的集合，可以实现一些比基本节点更高阶的功能。一些社群和专家会于线上发布自己编写的套件，供广大社群通过 Dynamo Package Manager 下载使用，灵活使用套件可简化脚本编辑流程。本节使用到的套件包括 Rhythm，Archilab，LunchBox，请使用菜单栏套件功能下载（见图 4.1）。

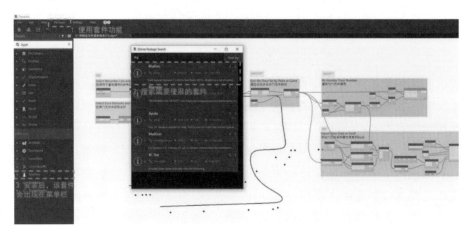

图 4.1　Dynamo 套件下载步骤

脚本编写的基本思路是设定目标、节点思路、分步细化，最后实现目标。同时，虽然节点的组织方式千差万别，但其基本逻辑架构大同小异，可简单概括为获取数据、处理数据、创建 / 编辑 Dynamo 元素、创建 / 编辑 Revit 元件、导出数据 5 个部分，各部分并不具有严格的等级或顺序，只是节点常用功能的概括性分组。最佳实践显示，使用颜色编码标识节点族逻辑架构有助于项目团队成员的理解及使用。后面章节会依据上述脚本编写思路及颜色编码来解读每一个脚本实现的思路及方法（见图 4.2）。所有范例文件可通过扫描封底二维码获取。

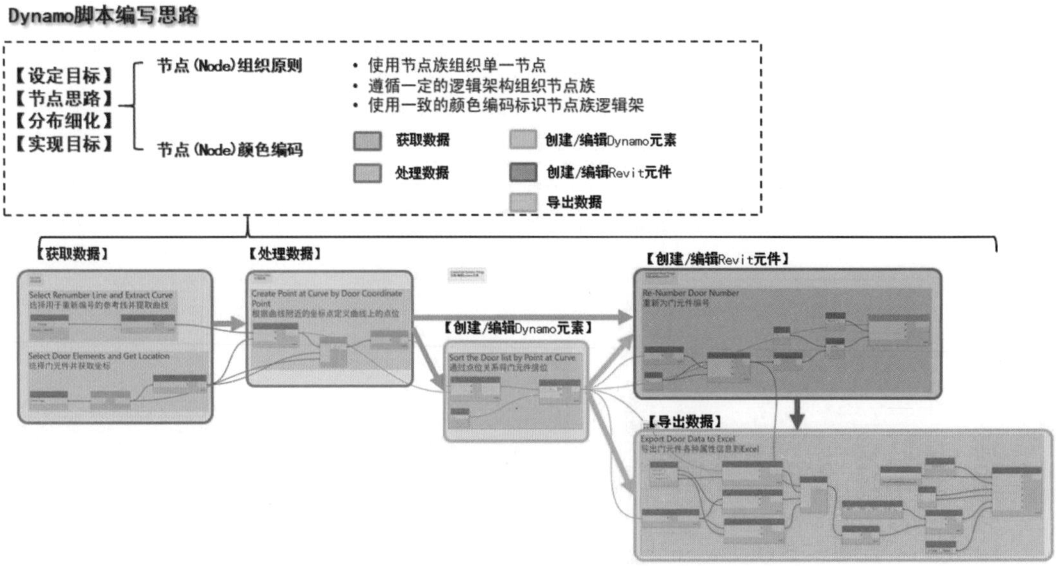

图 4.2　Dynamo 脚本颜色编码

【学习测试】

问题 1：Dynamo 脚本包含哪两个主要元素？

问题 2：Dynamo 脚本编写及节点组织的基本思路各分为哪几个步骤？

4.2 　基准元件创建及标注

4.2.1　由 Excel 数据批量创建及修改楼层

1）设定目标

楼层设置是项目初期的重要流程之一，简单说来就是通过"楼层"命令定义垂直方向的高度。在 Revit 界面中建立一个楼层后可以用复制或阵列的方式建立其他楼层，缺点是难以控制命名及无法批量修改。首先，"楼层"的命名只会根据名称的末尾数字自动编号，比如若第一层叫作"楼层 01"，接着往后复制时，Revit 就会自动命名后续楼层为"楼层 02""楼层 03"……但大多数时候我们的命名方式会复杂很多，因此如果用复制或阵列建立的 40 个楼层的命名不符合规范，就只有用手动点击改动 40 次的方式来弥补了。其次，无法批量修改，概念阶段标准层或非标准层高度的调整或修改通常比较频繁，比如 5～17 层的标准层高度之前是 3.6 m，现在想要尝试一下 3.3 m 或者 4.2 m 层高的效果，就只有重复地点击修改，并且难以兼顾到跟其他层的高度关系。

这样的修改在 Excel 中进行的话，数据的处理及修改会方便很多，而在这个任务中 Dynamo 的功效就是用 Excel 的数据来驱动 Revit 的楼层建立流程，以达到批量建立及批量修改的目的。通过这个过程，不仅可以简化设置楼层过程中的重复性操作，也可以通过控制表单更方便快捷地进行设计方案演绎，比如快速模拟不同标准层高对整体立面的影响等。

2）节点思路

建立 Excel 表格，输入楼层名称及高度数据（见图 4.3）；在 Dynamo 中读入 Excel 表格，并清理规整数据，比如除去表头与转置排序等操作（见图 4.4）。接着根据楼层高度与楼层名称数据创建"楼层"。脚本节点群组主体结构如下：

①读取 Excel 表格数据。

②清理规整表格数据（获取楼层高度及名称）。

③使用高度及名称数据建立楼层。

3）分步说明

Excel 表单的创建要尽量简单清晰，只录入必要信息，信息量大的时候可以分多个工作表。因为楼层数据相对简单，此案例中只要建立单一工作表，并录入楼层的名称及高度信息即可。

只录入必要信息,行列对准

不同属性信息,分工作表管理

图 4.3　Excel 范例

（1）新建项目文件，运行 Dynamo 并打开范例文件"01 自动创建楼层.dyn"。

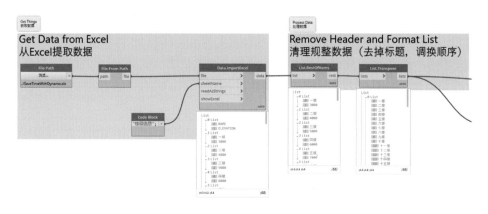

图 4.4　读取 Excel 数据表格

"获取数据"节点组作用为读取 Excel 中的楼层名称及高度数据。调用"File Path"和"File.FromPath"定义文档路径并获取文档。接着使用"Data.ImportExcel"，SheetName 输入"楼层信息"字符串；readAsStrings 的默认值是 False，意思是读入的数值不会被转换成字符串；showExcel 的默认值是 True，意味着运行该脚本是会自动打开 Excel 文件。点击运行可以获得二维列表。Dynamo 读取 Excel 的顺序是从左到右，从上到下。因此第一项子列表读取了第一行数据 [0] 名称、[1] 高度，第二个子列表则读取第二行楼层名称及高度的数据 [0] 一楼、[1]3000，以此类推，形成所有楼层的数据列表。第一项子列表的表头信息不是需要的数据，因此使用"List.RestOfItem"删除第一项，接着调用"List.Transpose"将列表转置，即将每一个子列表的第一项取出来，组成新列表的第一项，以此类推。行列互换后第一项子列表为楼层名称信息，第二项为楼层高度。节点配置参考图 4.5。

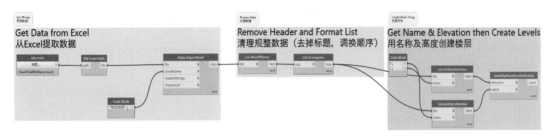

图 4.5　Dynamo 节点范例

（2）前两组节点的功能是获取及处理数据，最后一组节点的目的则是根据数据创建楼层。创建楼层的节点"Level.ByElevationAndName"需要两组信息创建楼层，elevation 入埠处需要输入高度信息，name 入埠处则需要输入名称。这两个信息都已经存在于"List.Transpose"的表单里，只需要将表单拆分成两个子列表，即可以与节点"Level.ByElevationAndName"连接。这里使用"List.GetItemAtIndex"节点来拆分子列表，list 处连接需要拆分的表单；index 用来定义需要获取的子列表的序列。0 代表 0 List，列出楼层名称，比如一楼、二楼等，1 代表 1List，列出楼层高度信息，比如 3000、8000 等。连接子列表到相应节点入埠处，运行后到 Revit 界面检查楼层信息（见图 4.6）。

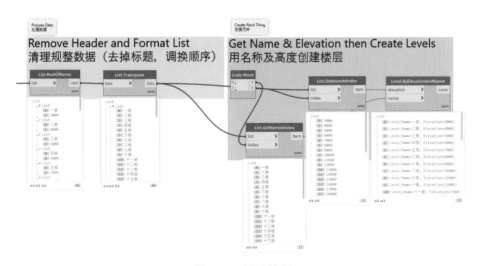

图 4.6　创建楼层

4）实现目标

如图 4.7 右侧所示，运行脚本后即可根据 Excel 中的信息批量生成"楼层"，而不需要一层一层地复制粘贴。可尝试修改 Excel 数据，重新载入，测试生成"楼层"是否会同步修改。

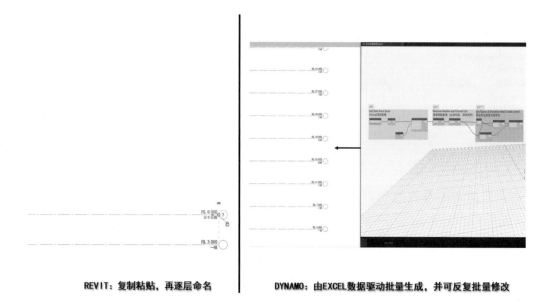

REVIT：复制粘贴，再逐层命名　　　　DYNAMO：由EXCEL数据驱动批量生成，并可反复批量修改

图 4.7　成果范例 Revit VS Dynamo

4.2.2　由 Excel 数据批量创建图纸

1）设定目标

选用 Excel 数据输入能简化 Revit 的很多日常工作流程，又比如图纸创建部分，Revit 只支持单一的图纸创建，并且创建完毕后还需要一一输入图纸名称、序号、类别等数据。规模较大的项目一次性出图量几十上百是常事，这个时候 Excel 的数据编辑功能和 Dynamo 的自动化流程就非常有必要了。

2）节点思路

建立 Excel 表格，图纸族中的一部分标签信息是可以根据项目文件设置自动显示的，这里主要需要录入的信息是图纸名称及图纸编号，有时因为公司标准的不同，需要录入更多的信息，可根据此范例类推。同样需要在 Dynamo 中读入 Excel 表格后清理并规整数据，接着根据图纸名称与编号数据批量创建"图纸"（见图 4.8）。脚本节点群组主体结构如下：

①读取 Excel 表格数据。

②清理规整表格数据（获取图纸名称及图纸编号）。

③使用图纸名称及图纸编号数据建立图纸。

④根据表格数据输入图别、图号信息。

3）分步说明

（1）新建项目文件，运行 Dynamo 并打开范例文件"02 自动创建图纸.dyn"。

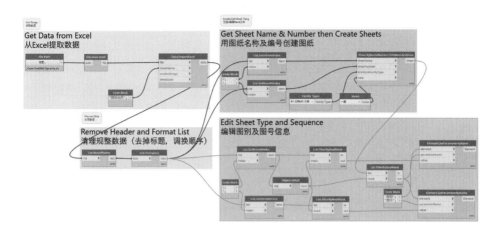

图 4.8　Dynamo 节点范例

　　"获取数据"节点组作用为读取 Excel 中的图纸编号、名称、图别及图号。调用"File Path"和"File.From Path"定义文档路径并获取文档。接着使用"Data.ImportExcel"，SheetName 输入"图纸信息"字符串；readAsStrings 及 showExcel 保持默认值设置。点击运行可以获得二维列表：第一项子列表读取数据 [0] 图纸名称、[1] 图纸编号、[2] 图别、[3] 图号，第二个子列表则读取第二行数据 [0] 封面、[1]000，由于封面图别及图号为空，因此 [2][3] 显示为空，以此类推，形成所有图纸的数据列表。可尝试根据需求增加列表信息，如绘图员、审图员、发布日期等。调用"List.RestOfItem"和"List.Transpose"清理表单并将其转置为新的顺序。节点配置参考图 4.9。

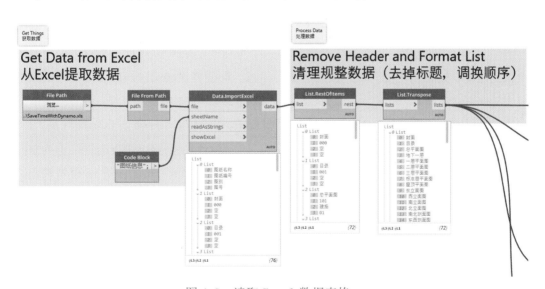

图 4.9　读取 Excel 数据表格

　　（2）创建图纸的节点"Sheet.ByNameNumberTitleBlockAndView"需要 4 组信息创建图纸，sheetName 入埠处需要输入图纸名称，sheetNumber 入埠处则需要输入图纸编号。这两个信息都已经存在于"List.Transpose"的表单里，只需要取出表单中前两个子列表，即可以与节点连接。这里使用"List.GetItemAtIndex"节点来拆分子列表，调用"Code Block"取出 0 List 图纸名称及 1 list 图纸编号，连接子列表到相应节点入埠处；TitleBlockFamilyType 入埠处调用"Family Types"节点选定图纸族类型，此处 A1 公制图纸族；view 入埠处引用"Views"赋予任意视图，后续再根据具体要求进行版面配置。运行后到 Revit 界面检查图纸信息。同时在图 4.10 节点配置中也可看到节点"Sheet.ByNameNumberTitleBlockAndView"的下拉列表中已经形成了 18 个子列表，即项目文件中已经成功生成了 18 张图纸。

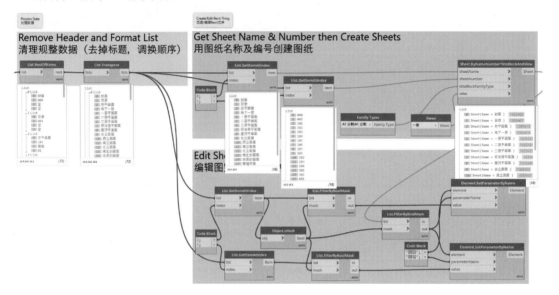

图 4.10　创建图纸

（3）比起创建楼层，创建图纸部分多一个步骤就是录入图别及图号信息。经过上个步骤创建成功的图纸还没有录入图别 / 图号信息。同样将"List.Transpose"中的列表分别连接到两个"List.GetItemAtIndex"节点取得 2 List 图别及 3 list 图号列表。因为需排除无图别、图号信息的图纸（即封面和目录），调用"Object.IsNull"及"list.FilterByBoolMask"节点，前者判断列表是否有空值，为空则输出"True"，不为空则输出"False"；后者可以根据布林值将表单分类，对应"True"的分项从 in 位置输出，而对应"False"的分项则从 out 位置输出。

如图 4.11 所示调用"Element.SetParameterByName"节点两次，element 入埠处均接入过滤后的图纸表单；parameterName 入埠处分别写入图别及图号字符串，意为将信息写入这两个属性值内；value 入埠处则连接过滤出的图别 / 图号信息，及两个"list.FilterByBoolMask"节点 out 的输出成果。

运行脚本，发现两个"Element.SetParameterByName"节点的下拉列表中均生成了 16 个分享，列表中总共为 18 张图纸，除去不包含图别及图号信息的封面和目录，正好 16 张图纸被重新录入了信息。最后检查项目文件中图纸文件，查看是否所有信息都正确显示。

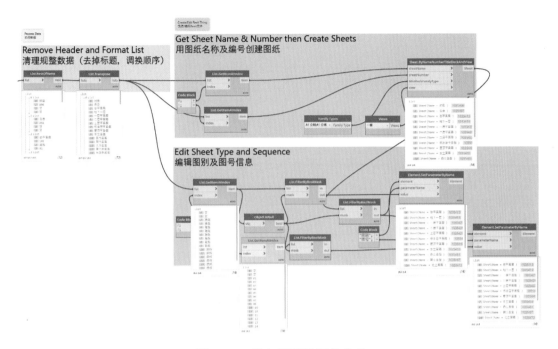

图 4.11　录入图别及图号信息

4）实现目标

如图 4.12 所示，运行脚本后即可根据 Excel 中的信息批量生成"图纸"，并可进一步批量录入其他信息。可尝试修改 Excel 数据，增加需要批量修改的属性信息，测试生成"图纸"信息会否同步更新。

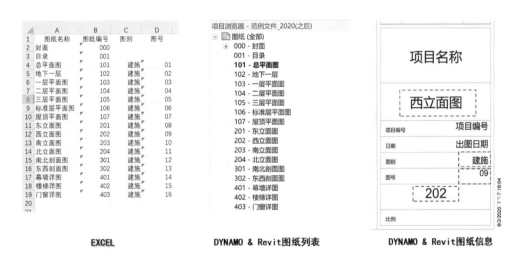

图 4.12　成果范例

4.2.3 自动为轴网添加尺寸标注

1）设定目标

平面制图中一般会添加三道尺寸，最外一道为总尺寸，标注总长、总宽；中间一道标注房间开间、进深，通常也是轴线尺寸；最里一道细部尺寸以轴线定位标注外墙段及门窗洞口尺寸。这里的脚本主要是针对最外及中间一道尺寸标注而建立。细部尺寸主要反映设计特异性、变量较多、不具备重复性；而总尺寸及轴线尺寸比较固定，相对稳定地受单一变量即轴线的影响，因此可以用脚本的形式快速完成，即使更改了轴线的数量及相对距离，也可以快速地获取外部及中间尺寸，以供设计参考和制图需要。

2）节点思路

获取轴网元件，并根据轴线方向分组，因为不同方向的轴线无法同组添加尺寸标注。然后定义尺寸标注位置并进行标注。脚本节点群组主体结构如下：

①取得轴网元件。

②轴网分组（方法多样，可根据向量也可根据名称）。

③定义尺寸标准位置。

④添加轴线尺寸标注。

3）分步说明

（1）打开项目"范例文件.rvt"或使用任何有轴网元素的项目文件，运行 Dynamo并打开范例文件"03 自动为轴网添加尺寸标注.dyn"（见图 4.13）。

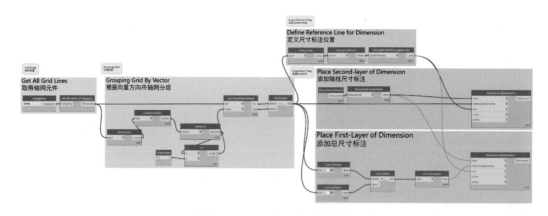

图 4.13　Dynamo 节点范例

"获取数据"节点组在本脚本中用来获取项目文件中所有的轴线元件。获取特定族实例（即模型元件）的方式很多，选择"Categories"和"All Elements of Category"这个组合是最直观的做法，给定族类型后获取所有实例。调用"Categories"定义想要获取的模型元件为轴线，链接到"All Elements of Category"的节点入埠处，点击运行获得轴线列表。这时如果直接运行添加标注的功能节点"Dimension.ByElement"，系统就会出现错误提示。原因是范例文件中的轴线分为平行及垂直方向，不同方向的轴线无法同组添加尺寸标注，比如轴线Ⓐ及轴线①呈 90°，就无法添加尺寸。因此这里需要将轴线进行分类，将同一方向轴线分为一组后再进行标注（见图 4.14）。

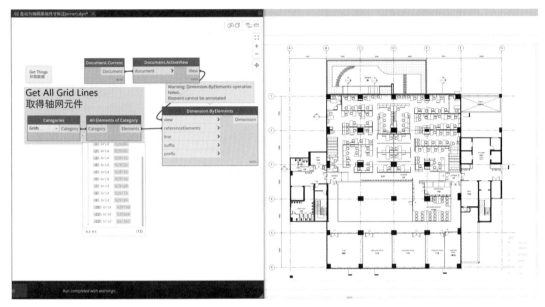

图 4.14　获取数据

（2）模型元件分组方式多种多样，最重要是根据脚本需求选取正确的参数，就可事半功倍。本案例中直观推理需要将轴线根据方向分类，而向量最能反映几何对象的不同朝向，因此选取向量参数来进行数据处理。

向量是一个同时具有大小及方向，且满足平行四边形法则的几何对象。首先调用"Grid.Curve"将轴线元件转化成几何线条，再引用节点"Line.Direction"获取几何线条的向量 Vector。如图 4.15 各节点子列表所示，可见 13 个轴线元件已转化成 13 组向量参数，包含 x，y，z 值及长度。由于轴线全部处于同一平面，z 值全部为零，又因为两组不同方向的轴线彼此平行，因此同一方向的轴线 x 值相同。引用"Vector.x"，链接向量值表单到入埠处获得所有向量的 x 值。由于范例轴线只有简单两个方向，因此可以用测试相等性的运算节点"=="来将 x 值过滤分类成"等于零"和"不等于零"的两个子集，如果等于输出"True"，如果不等于输出"False"，自此 13 向量由 X 值被分为 True 和 False 两类。

只要不使用"List.Flatten"进行平坦化处理，Dynamo 在逻辑运算过程中都会保持数据表单的结构。在本案例中，将轴线元件变成几何直线再获取向量值并进行运算测试的过程中，所有节点都保持 13 个子列表，并且子列表的序列不变，例如 GridA 在一开始节点的子列表中序列排第一，在后面的所有运算过程中它都会保持在序列中的这个位置。因此，最开始的轴线表单序列和现在向量表单序列是一致的。在表单序列一致的前提下，引用节点"List.FilterByBoolMask"进行布林筛选。此节点可根据输入的布林值将子列表筛选到两个不同的表单中。list 入埠处链接最开始从模型中获取的轴线列表"All Elements

125

of Category",mask 入埠处链接向量分类列表。经由节点将两个表单进行交叉对比,对应 True 的轴线元件被分类到 in list 中,而对应 False 的轴线元件被分类到 out list。自此,不同方向的轴线经过数据处理被分成了两个表单,调用"List.create"将两个表单合并为包含两个子列表的一组数据,方便调用。

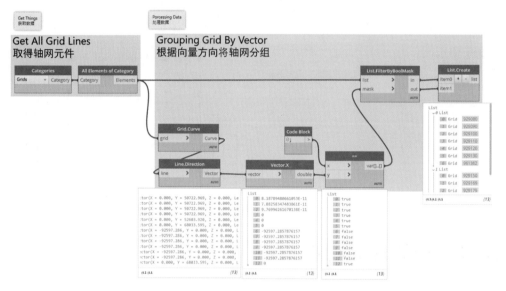

图 4.15　处理数据

（3）运用节点"Dimension.ByElements"对分类后的轴线表单进行尺寸标注。该节点默认可以连接 5 组信息。View 入埠处连接用来进行标注的视图;ReferenceElements 入埠处连接用来进行标注的模型元件,本案例中即是轴线数据组;Line 用来定义尺寸线位置;suffix/prefix 则用来为尺寸数据添加前缀或后缀,如果无特别制图需求可以保持默认设置,不用输入任何数据（见图 4.16）。

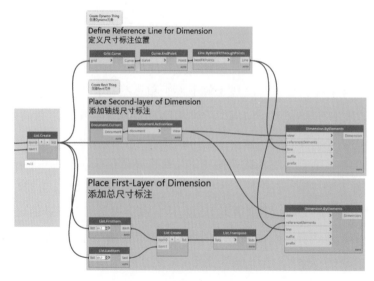

图 4.16　添加尺寸标注

4）实现目标

如图 4.17 右侧所示，运行脚本后即可自动生成轴线及总长两层尺寸标注。可尝试修改脚本，根据不同属性（例如名称）将轴线进行分类，或调整尺寸线位置修改尺寸标注的排版。

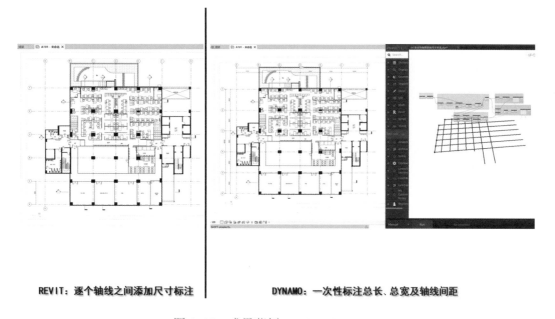

REVIT：逐个轴线之间添加尺寸标注　　　　　**DYNAMO：一次性标注总长、总宽及轴线间距**

图 4.17　成果范例 Revit VS Dynamo

【学习测试】

问题 1：　Dynamo 中获取 Excel 数据的节点组合是什么？

问题 2：列举几个 Dynamo 中用来处理排列数据的节点，比如如何去掉列表的表头？怎样转置列表排序？如何选取列表中的一个选项？

问题 3：生成楼层的 Dynamo 节点是什么？该节点需要输入几组信息？

问题 4：生成图纸的 Dynamo 节点是什么？该节点需要输入几组信息？

问题 5：生成尺寸标注的 Dynamo 节点是什么？该节点需要输入几组信息？

4.3　排序编码

4.3.1　"房间"批次编号（按导向曲线方向）

1）设定目标

各种模型元件的编号输入也是项相当枯燥乏味的工作，比如房间编号、门编号、车位编号等。若是一不小心在命名过程中错过一两个模型元件，又或是因为平面更改需要对命名次序进行修改，都会导致大量重复性的输入工作，不仅费时费工，还容易出错。这里的脚本即是针对这个问题，通过将模型元件抽象为几何体量再与导向曲线相交获得排序顺序的方式，自动将大量模型元件进行重新编号。

2）节点思路

选择项目文件中的"房间"元件，通过设置"房间"边界框将其抽象为空间中的几何体量，绘制代表排序顺序的导向曲线并确保其与"房间"相交。接着将曲线等分成一系列沿曲线方向排列的点，测试它们与"房间"边界框的关系并获得相交点的列表，再依照相交点位顺序对"房间"元件重新编号。脚本节点群组主体结构如下：

①取得房间元件并定义边界框。

②取得导向曲线并等分成一系列点。

③判断曲线点列是否与房间边界框相交，并通过相交点列表重新排序房间列表。

④根据新房间列表顺序为房间元件编号。

3）分步说明

（1）打开项目"范例文件.rvt"或使用任何有房间元素的项目文件，绘制代表排序顺序的导向曲线并确保其与"房间"相交，运行 Dynamo 并打开范例文件"04 房间批次编号（按导向曲线方向）.dyn"（见图 4.18）。

图 4.18　Dynamo 节点范例

"获取数据"节点组在本脚本中用来取得需要编号的房间元件及指引房间元件标号的导向曲线。运用"Categories"和"All Elements of Category"组合获取房间元件"Room"的所有实例，链接到"Element.BoundingBox"节点入埠处，运行后获得房间元件的抽象几何边界框。

调用"Select Model Element"节点，选择项目文件中的导向曲线，获取模型曲线"Model Curve"。将模型曲线链接到"CurveElement.Curve"入埠处获得样条曲线"NurbsCurve"并将其等分成足够密集的点，密集程度以确保与每个房间相交为准。此处调用"Curve.PointsAsEqualSegmentLength"节点，顾名思义，该节点功能为将曲线分割成等距的点集合。为了实现此功能需要输入两组信息，Curve 处链接获得样条曲线的节点，Divisions 用来定义等分点的数量，链接一个整数滑块"Integer Slider"节点，并采用如图 4.19 定义，得到从 0 ~ 100 范围内的任意整数，拖动数字滑块改变数值并观察点位在平面的分布，确保每个房间都至少包含一个点。此处范例中选择数值为 51，除去 0 之后一共生成 50 个点。

图 4.19　获取"房间"元件并定义导向曲线

切换到项目文件界面会发现导向曲线上出现了等距排列的点阵，点阵的数量会根据整数滑块数值的调整而变化（见图 4.20）。

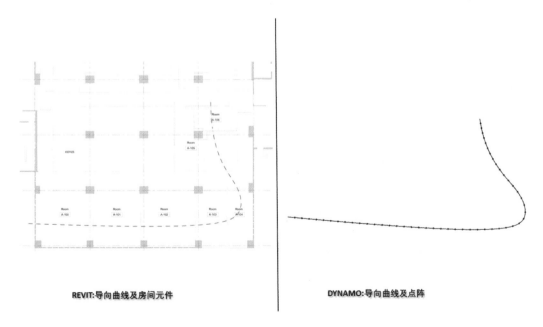

图 4.20　导向曲线被等分成 50 个点位并穿过了每一个"房间"

（2）定义好房间边界框及导向曲线点列后，接着需要判断点列与房间边界框是否相交，以及相交的顺序是怎样的。这里引用"List.Map"和"BoundingBox.Contains"节点。

"List.Map"节点有 List 及 $f(x)$ 两个输入端口，意思是将 $f(x)$ 函数应用到列表中的所有元素，从而由计算结果生成一个新列表。"BoundingBox.Contains"节点则是用来判断点列是否包含在之前生成的房间边界框中。如图 4.21 所示将点列表单接入到"List. Map"的 List 入埠处，再将判断点列位置的函数"BoundingBox.Contains"接入到 $f(x)$ 入埠处，意思是通过点列与房间边界框的位置关系将所有点列元素生成一个新列表。运行脚本后，点开"List.Map"下拉菜单会发现生成一个数量为 350 的新列表，即是将 50 个点与 7 个房间边界框交叉对比后生成的 50 个子列表，每个子列表下面包含 7 个分项，表示该点与边界框的位置关系，相交为 true，不相交则是 false。

接着再次引用"List.Map"节点，此次将新列表接入 List 入埠处，$f(x)$ 入埠处接入函数"List.FilterByBoolMask"，意思是依照点列顺序，过滤出有相交的房间编号。运行脚本后点击"List.Map"下拉菜单，发现出现了数量为 48 的新列表，并且房间标号有重复，检查前后节点后会发现一头一尾的点并没有落入房间边界框，并且任何一个房间边界框都有包含超过一个以上的点，所以这个运行结果是合理的。

当前房间列表已经是依据导向曲线重新排列过，但由于有大量重复，因此在进行重命名步骤前还需要引用一个节点"List.UniqueItem"。该节点可以将重复的子列表合并成一个，将新的房间列表接入 List 入埠处，运行脚本后获得包含 7 个子列表的房间列表。

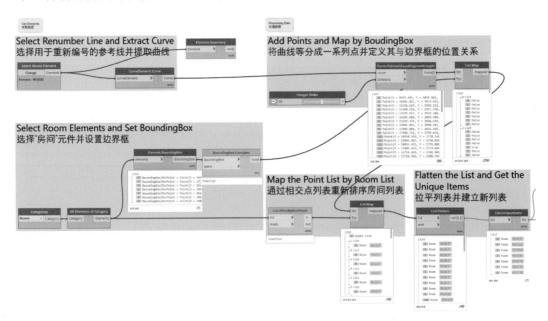

图 4.21　依据导向曲线将房间元件排序

（3）最后一步引用"Element.SetParameterByName"节点将已经排好序的房间元件重新命名。该节点可以连入 3 组信息。Element 入埠处自然是连接需要进行命名的房间列表，因此直接与"List.UniqueItem"相连。ParameterName 入埠处用来制定需要写入信息的属性名称，即 Revit 属性栏中罗列处的属性值，此处需要与标签族的设置共同考量，比如本范例中房间的标签族用"编号"属性来记录房间编号，因此 ParameterName 入埠处就引用"Code Block"输入"编号"。Value 入埠处用来定义需要写入"编号"属性的信息。需要注意的是，房间元件的数量在不同案例中会有不同，因此编号设置不能直接手动写入，需要通过运算的方式使其与房间列表产生联系。此处引用节点"Sequence"，该节点需要录入 3 组信息，start 入埠处定义编号起始值为 100；接着 amount 入埠处引用"list.Count"节点实时更新需要编号的房间元件数量，比如本范例中为 7 个房间，读取数值就会是 7，如果应用到不同项目文件中，该数值也会根据具体情况自动更新；step 入埠处同样输入 1，代表每次数字累积的增量是 1。运行脚本，可以看到"Sequence"下拉列表出现从 101 到 107 的数列。此处多引用一次"Code Block"节点为编号加上前缀"A-"（见图 4.22）。

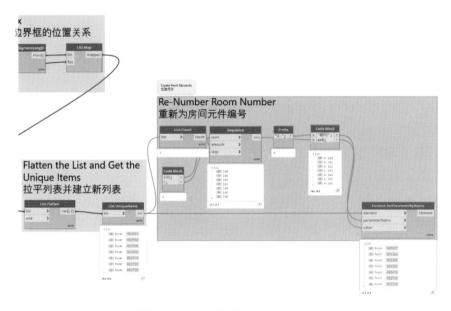

图 4.22　依照新的序列命名房间

4）实现目标

最后一次运行脚本并检查项目文件，如图 4.23 右图所示房间的标签族自动根据导向曲线方向显示出从 A-101 到 A-107 编号信息，而不需要一个个手动输入。试想如果是有几十个房间的平面，不管是第一次录入信息，还是录入信息后发现错误需要修改，又或是命名方式忽然需要更新，都是相当消耗时间且没有技术含量的重复性作业，而运用这个简单脚本，只需要修改导向曲线及命名方式，就可以大大简化这一流程。可尝试在不同的平面对脚本进行简单修改后运行，测试房间元件编号可否正确排序。

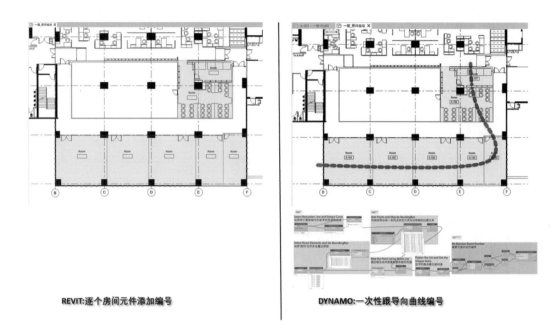

图 4.23　成果范例 Revit vs Dynamo

4.3.2　"门"批次编号（按导向曲线方向）

1）设定目标

标签门编号的脚本略有不同。相对于"房间"，"门"元件在平面中目标较小，穿过每一个"门"去绘制曲线略显麻烦，所以这里的脚本就不会通过"导向曲线与元件相交"的方式来排序，而是通过"导向曲线与元件相邻"的方式来获取排位。在这个方式中，导向曲线只需要通过"需进行重新编号的模型元件"区域，不需要严格相交，再用相邻"门"元件坐标点来定义导向曲线点位，最后利用导向曲线点位顺序对"门"元件进行重新编号。

2）节点思路

选择项目文件中的"门"元件，并获得定义其位置的坐标点，绘制代表排序顺序的导向曲线，不需要与"门"严格相交，但尽量相邻。接着通过将定位坐标点投影到相邻导向曲线的方式将"门"元件坐标点重新排序，进而根据该排序对"门"元件进行重新编号。脚本节点群组主体结构如下：

①取得门元件并获得定位坐标。

②取得导向曲线并根据门元件定位坐标点取得导向曲线上对应位置的坐标点。

③通过坐标点顺序将门元件排序获得新的门列表。

④根据新门列表顺序为门元件编号。

3）分步说明

（1）打开项目"范例文件.rvt"或使用任何有门元素的项目文件，绘制代表排序顺序的导向曲线尽量与"门"相邻，运行 Dynamo 并打开范例文件"05 门批次编号（按导向曲线方向）.dyn"（见图 4.24）。

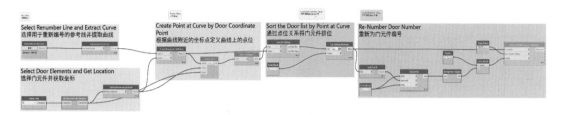

图 4.24 Dynamo 节点范例

"获取数据"节点在本脚本用来取得需要编号的门元件及指引门元件编号的导向曲线。运用"Category"和"All Element of Category"组合获得门元件的所有实例，链接到"FamilyInstance.Location"节点入埠处，运行后获得门元件的定位坐标。通常，族文件的定位坐标与族的定义原点是同一个点，比如在建立门的族文件时，定义门底边中线中点为原点，则"FamilyInstance.Location"也会将该点作为该族文件的定位坐标来读取。

调用"Select Model Element"节点，选择项目文件中的导向曲线，同样链接导向曲线到"CurveELement.Curve"入埠处获得可编辑的样条曲线"NurbsCurve"，并根据门元件定位坐标点取得导向曲线上对应位置的坐标点。此处调用节点"Point.CurveAtParameter"：将任一曲线看作连续坐标点的几何图形，并且该曲线长度为 1，使用曲线附近的任意点作为参照，通过节点"Point.CurveAtParameter"获取曲线上相对应位置的坐标点。本案例中，门的定位坐标即是曲线附近的参照点，通过节点获得的列表即是曲线上对应位置的坐标点（见图 4.25）。

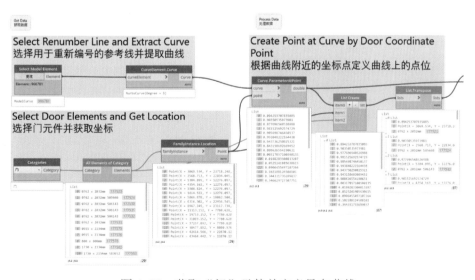

图 4.25 获取"门"元件并定义导向曲线

引用节点"list.Create"将列表合并，该列表包含 3 个子列表，分别是曲线坐标点、门定位坐标点及门元件，每个子列表有 29 个分项，对应 29 个门元件。接着引用"List.Transpose"将子列表转置，将 3 个子列表的第一项取出来组成新列表的第一项，以此类推，重新生成 29 个列表。如前文中反复提到，Dynamo 中的数据结构是一致且连续的，因此新生成的 29 个列表中的元素也是具有对应关系的，比如 0 List 里面的 3 个分项就是代表同一个门的定位坐标、曲线坐标及实例文件。

这一系列操作的目的就是获取曲线坐标，并根据曲线坐标将同组的门元件排序，因为只有处于 [0, 1] 阈值内的曲线坐标才能用来进行排序，如图 4.26 所示"Curve.ParameterAtPoint"的下拉列表中 0.0031 就比 0.894 靠近导向曲线的前端，应该被排在前面；而定位坐标的 [x，y，z] 值则不具有类似的属性，因此需要进行转化使其具有可以排序的属性。

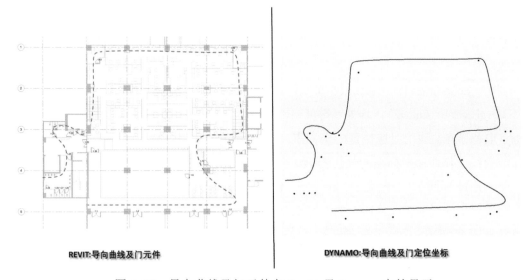

图 4.26　导向曲线及门元件在 Revit 及 Dynamo 中的显示

（2）节点"List.SortByKey"用于在给定的关键值的逻辑下，将原有列表排序。List 入埠处链接转置后的综合列表，Key 入埠处链接曲线坐标列表，因为此处正是要用 [0，1] 阈值内的曲线坐标来将列表重新排序。运行脚本检查该节点的下拉菜单，发现列表已重新排序，0 List 曲线坐标为 0.0031，1 List 为 0.018，2 List 为 0.052，以此类推。

由于上一组节点命令已经将曲线坐标及对应的门元件分组，现在只需要将重新排序后列表中的门元件子列表分离出来就可以进行下一步的编号工作了。引用"List.GetItemAtIndex"，在 Index 入埠处输入"2"，并且在 List 处选择层级 @L2，运行脚本发现节点下拉菜单筛选出了新列表中所有的门元件。

（3）最后一步与上一节中的房间批次编号类似，同样调用"Element.SetParameterbyName"，element 入埠处此次链接到重新排序并筛选出来的门列表；由于门的标签族用"标记"属性来记录门标号，因此 parameterName 入埠处通过"Code Block"节点输入相应信息；命名部分可根据需求灵活编辑，此处简单以数量统计，并加上前缀"1-"，得到门编号 1-1，1-2…以此类推（见图 4.27）。

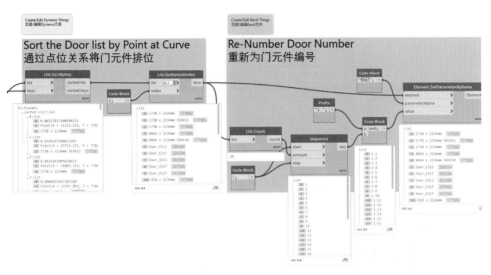

图 4.27　根据导向曲线将门元件排序并依序命名

4）实现目标

最后一次运行脚本并检查项目文件，如图 4.28 右图所示门的标签族自动根据导向曲线方向显示出从 1-1 到 1-29 的编号信息，而不需要一个一个地手动输入。相对于房间，门的数量更是巨大，运用这个简单脚本简化门的批次编号流程，是非常有必要的。可尝试用相交或相邻关系这两种不同思路对不同模型元件进行排序及编号。

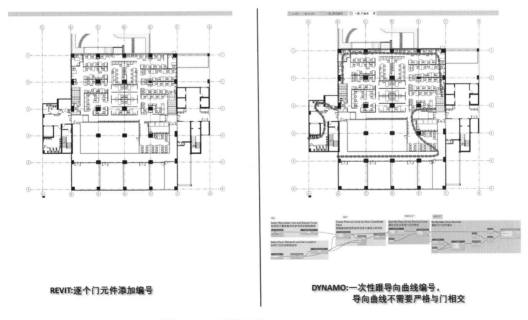

图 4.28　成果范例 Revit VS Dynamo

【学习测试】

问题 1：Dynamo 中获取 Revit 模型元件的节点组合是什么？

问题 2：Dynamo 中获取 Revit 模型元件位置坐标的节点是什么？

问题 3：Dynamo 中根据一个函数 $f(x)$ 从旧列表生成一个新列表的节点是什么？

问题 4：在 Dynamo 中尝试使用"相交关系"（范例中房间排序的方法）将其他模型元件排序。

问题 5：在 Dynamo 中尝试使用"相邻关系"（范例中门排序的方法）将其他模型元件排序。

4.4 视图排版

4.4.1 批次创建图纸并插入视图

1）设定目标

视图创建可以由视图菜单栏下"视图"命令实现，选择多个楼层即可一次性创建多个平面或天花视图，但图纸的创建及视图的排版就无法这样简单快捷地实现。这里的脚本旨在根据视图表单创建图纸，并插入视图。

2）节点思路

从项目文件中取得视图表单，从中过滤出需要排版到图纸的视图，创建图纸并置入视图。脚本节点群组主体结构如下：

①获得视图表单。

②过滤出需要排版的视图。

③创建图纸并置入视图。

3）分步说明

（1）打开项目"范例文件 .rvt"或已含有视图的项目文件，运行 Dynamo 并打开范例文件"06 批次创建图纸并插入视图 .dyn"（见图 4.29）。

调用"View Type"和"Views.GetByType" 取得所有平面视图表单。接着需要过滤出要进行排版的图纸，这里也关系到制图的标准化管理：项目的整个生命周期中，不同阶段都会产生大量的视图，有些用来测试设计思路，有些用来与顾问沟通，有些用来进行阶段性的图纸输出。如果分类管理不适当，不要说自动化制图流程，就是手动检查排版也会困难重重。这里为视图元件引入一个共享参数"视图分组"，凡是该属性设置为"发布"的视图即归为需要输出排版的范畴。有关共享参数设置方法可参看本书第 3 章系统设置章节。

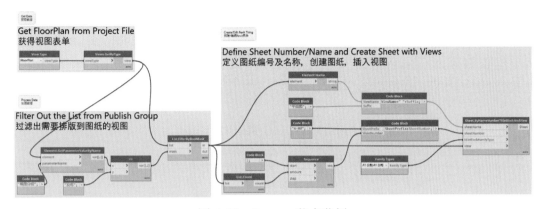

图 4.29　Dynamo 节点范例

调用"Element.GetParameterValueByName"和逻辑判断节点"=="读取视图属性值并判断其是否被赋予了"发布"属性，"是"则输出"True"，"不是"则输出"False"。范例文件中的 5 个视图的"视图属性"皆为"发布"，因此返还的 5 个分项皆为"True"。接着调用"List.FilterByBoolMask"节点根据布林值将表单一分为二。对应"True"值的分项，也就是属性值为"发布"的视图元件从输出端 in 输出（见图 4.30）。

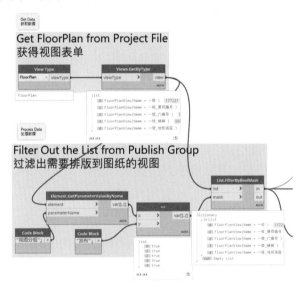

图 4.30　获得需要排版的视图表单

（2）根据过滤处的视图表单创建图纸并置入视图。调用节点"Sheet.ByNameNumberTitleBlockAndView"建立视图，4 组信息需要输入。SheetName 入埠处需要定义图纸名称，调用"Code Block"定义图纸名称为视图名字加上后缀，视图名字由上一阶段得到的视图列表连接到"Element.Name"获得，后缀直接手动输入为"平面图"，运行脚本，如图 4.31 所示下拉列表中图纸名称列表出现 5 个分项，为一楼平面图；一楼_房间编号平面图，以此类推；SheetNumber 入埠处需要输入图纸编号信息，同样调用"Code Block"定义编号结构逻辑为前缀加上视图编号，前缀直接输入"A-"，图纸编号由上一阶段获得的视图列表连接到"Sequence"节点排序获得，运行脚本，如图 4.31 所示下拉列表中图纸编号列表出现 5 个分项 A-100、A-101，以此类推；TitleBlockFamilyType 入埠处连接"Family Types"节点，并选择 A1 公制图纸，可根据具体情况选择项目文件中已有的图纸族类别；视图入埠处连接上一阶段的视图列表。

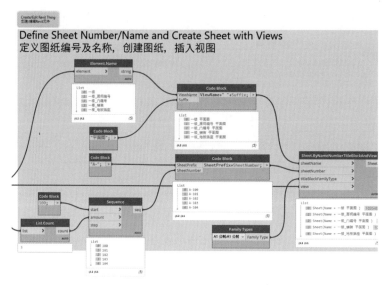

图 4.31　根据视图创建图纸

4）实现目标

如图 4.32 所示，运行脚本后即可根据项目文件中的视图生成相应的图纸，并将视图同步置入图纸空间，这样大大减少了创建图纸并将视图拖入图纸空间的重复性工作。可尝试在更复杂的项目文件运行该脚本，在大量的视图元件中通过已经介绍过的逻辑判定及列表编辑命令将视图过滤分类，并生成不同的图纸类型。

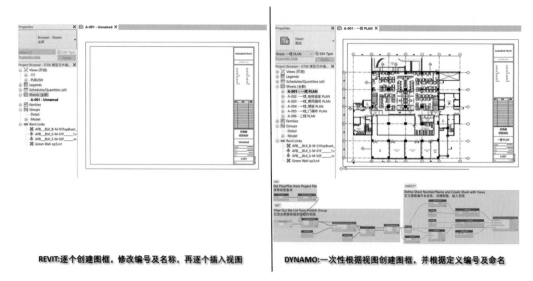

图 4.32　成果范例 Revit VS Dynamo

4.4.2　批次排版视图

1）设定目标

根据视图创建图框后的下一步就是视图排版。在上一步命令中，视图已经在图框创建过程中置入了图框界面，但位置是比较随意的。Revit 中的排版内容包含天地墙以及各种细节。以天地来说，包含平面、由平面衍生出的各种平面配置图以及天花平面，通常做法是先用范围框（scope box）定义视图的裁剪区域（crop region），这个裁剪范围可简称为视口。为了确保相应平面及天花的显示范围相同，排版时手动选择每一个平面、平面配置及天花图，再用视口的定位点将其在图纸中定位。这样就能确保每张图的平面位置完美对齐，可概括性地称之为"单一视口多图框排版"。这些过程都异常烦琐乏味，这一节的脚本即是要简化这一流程。

由于项目之间平面范围、轮廓大不相同，不适宜简单地以图纸中心点为视口定位。最简单的方法就是直接选择一张图纸，将视口调整到满意的位置，然后剩余视口只需要遵循同样的坐标排版就行了。因此，这一节的脚本就根据这种"父视口子视口"的逻辑架构来进行编写。

2）节点思路

从项目文件中取得视口表单，既是视图的范围框也是裁剪区域。从中选出已经在图纸中排版完成的视口作为父视口，其余视口作为子视口。再将子视口的位置与父视口匹配以达到排版的目的。需要再次强调的是，这个命令只有视口范围相同时才会有效匹配。所以，在脚本编辑前需要到项目文件中设置好范围框及视图的裁剪区域，即确保相应的平面及天花有统一的视口范围。脚本节点群组主体结构如下：

①获得所有视口。

②获得父视口及子视口集的位置。

③匹配子视口到父视口。

3）分步说明

（1）打开项目"范例文件.rvt"或已含有视图并编辑好视口的项目文件，运行 Dynamo 并打开范例文件"07 批次排版视图.dyn"（见图 4.33）。

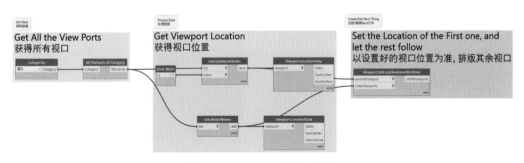

图 4.33　Dynamo 节点范例

调用"Categories"和"All Elements of Category" 取得所有视口。范例中将列表中的第一视口首先做了排版，因此可直接引用"List.GetItemAtIndex"取得视口表单的第一个分享，并连接到"Viewport.LocationData"。运行脚本查看上方"Viewport.LocationData"的下拉列表，包含一个范围框、范围框中心点以及范围框 4 个点的坐标，以范围框中心点为参照，数值为 $X=347.350$，$Y=285.733$，$Z=0$。调用"list.RestOfItems"取得所有剩下的视口，同样连接到"Viewport.LocationData"。运行脚本查看下拉列表，产生了 4 个视口信息，依旧以范围框中心点为例，第一个视口中心点为 $X=245.799$，$Y=185.613$，$Z=0$，第二个视口中心点为 $X=64.400$，$Y=237.485$，$Z=0$，第三、第四由于图幅原因无法完全显示。不过可以预见的是，中心点位置、边框位置都不会相同，因此项目文件中这些视口也如这些坐标显示一样散乱地分布在图纸上（见图 4.34）。

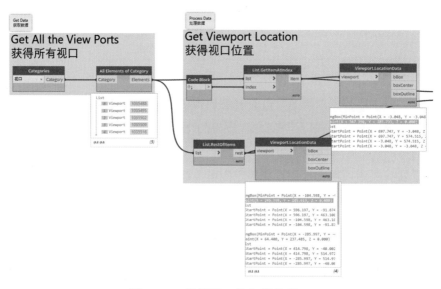

图 4.34　获得视口及位置信息

（2）调用"Viewport.SetLocationBasedOnOther"节点，有两组信息需要输入。parentViewport 处连接作为排版标准的父视口，childViewports 处则连接需要进行匹配和排版的子视口集。这两组数据在上一组节点组合中都有获得，分别连接后运行脚本。childViewports 输出的即是重新排版后的子视口集，检查下拉列表，会发现中心点坐标已经变成与父视口一致。

4）实现目标

如图 4.35 所示，运行脚本后即可经图纸中视口文件快速排版。可尝试在更复杂的项目文件运行该脚本，在大量的视口元件中通过已经介绍过的逻辑判定及列表编辑命令将视口过滤分类，并排版（见图 4.36）。

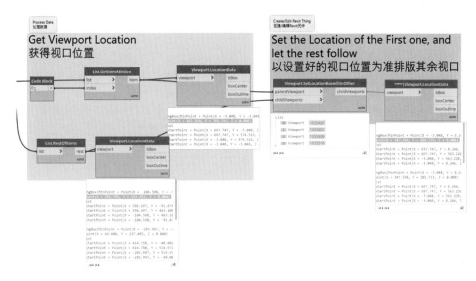

图 4.35　批量排版所有视口

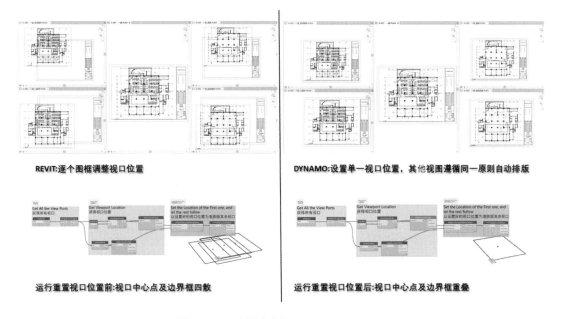

图 4.36　成果范例 Revit VS Dynamo

4.4.3　批次排版图例

1）设定目标

另一个比较类似的状况就是把一些设计说明或者图例排版到多个图框的同一位置。细微的差别在于图例及设计说明的范围及轮廓比较单一且细小，所以通常可以沿用一个统一的坐标在图框中定位。因此，这一节脚本编写的思路就是根据固定坐标点排版图例视口到多个图框。当然，上一案例中"父视口子视口"的逻辑架构也是可行的。脚本编写本来就可以有很多逻辑思路,可根据具体状况因地制宜地使用,这里介绍另外一种思路供大家参考。

2)节点思路

从项目文件中取得需要排版图例的图纸,本案例中为所有图纸。取得所有视图并从中过滤出图例,这里有关系到图纸标准化管理的内容,即命名方式,比如图例就需要命名为××图例,而不是一些毫无规律可循的名字,这样在进行自动化流程的脚本编写时才能采集到有效的数据,最后根据坐标将图例置入所有选中的图纸中。

①获得需要置入图例的图纸。

②获得所有视图并过滤出图例视图。

③根据参照坐标将图例置入所有选中的图纸中。

3)分步说明

(1)打开项目"范例文件.rvt"或已含有视图的项目文件,运行 Dynamo 并打开范例文件"08 批次排版图例.dyn"(见图 4.37)。

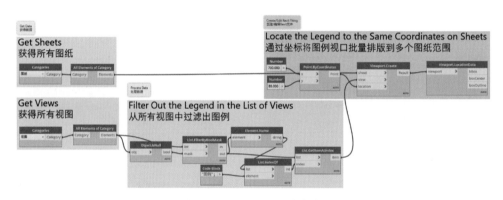

图 4.37　Dynamo 节点范例

调用"Categories"和"All Elements of Category"取得所有图纸和所有视图。过滤视图分两步,过滤出空值,再从中筛选出名字为"图例"的视图。列表中有空值时,脚本运行有时候会出现一些莫名的错误提示或直接无法运行,当然有时候也勉强可以运行,总之过滤掉列表中的空值是确保脚本有效运行的最佳实践之一。这里调用"Object.IsNull"和"List.FilterByBoolMask"节点组合,通过分项是否为空的布林值将视图列表一分为二,in 输出口输出的是布林值为 True 的分项,即视图元件为空;out 输出口输出的是布林值为 False 的选项,即视图元件不为空。

将 out 输出口连接到"List.G etItemAtIndex"节点,然后只要在 index 入埠处接入图例视图在列表中的序号,即可获得所需的视图文件。但此处不可直接在查看列表后手动输入,因为范例文件中需处理的视图有限,才有手动检查及输入的可能性,真实项目中动辄几十上百的视图,脚本编写中始终要以连续性为先,即条件改变后,脚本的逻辑仍然可以运行并获得结果。因此,此处调用"List.IndexOf"节点,连接上一步骤获得的视图列表和需要获得序列的视图名称"图例",运行脚本在下拉列表中发现该节点自动在列表中筛选出"图例"视图的序列是 17，将该值连接到"List.GetItemAtIdex"节点的 Index 入埠处。这样即使下一个项目文件图例视图的序列变了或是有不止一个图例视图，都可以顺利地筛选出来进行下一步处理（见图 4.38）。

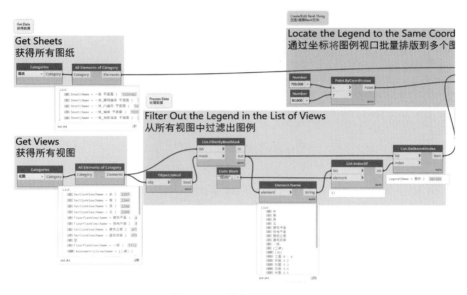

图 4.38　获得图例

（2）调用"Viewport.Create"节点，有 3 组信息需要输入。Sheet 入埠处连接上一步骤中获得的图纸列表；View 入埠处需要连接要置入图纸的视图，自然需要连接到上一步骤中筛选出的图例视图；最后是 location 用来定义视图置入的位置，引用定义坐标的节点"Point.ByCoordinate"并输入 x、y 值确定位置，可运行多次测试位置是否满足需求（见图 4.39）。

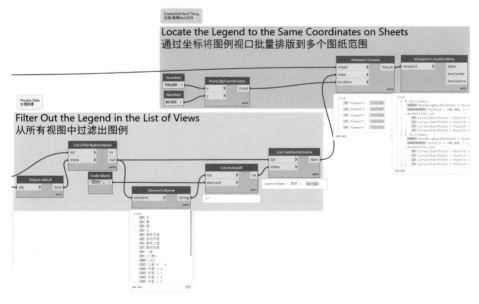

图 4.39　批量排版图例

143

4）实现目标

如图 4.40 所示，运行脚本后图例被批量置入了多个图纸中，实际项目中的图例排版实在是相当枯燥又耗时的工作。可尝试将多个不同图例排版，并将其与不同的图纸匹配。

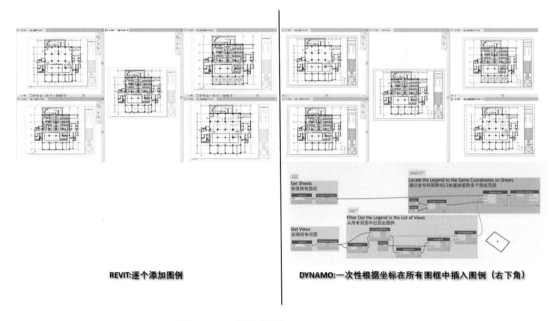

图 4.40　成果范例 Revit VS Dynamo

【学习测试】

问题 1：Dynamo 中获取 Revit 视图 / 视口表单的节点组合是什么？

问题 2：Dynamo 中获取视口位置的节点是什么？

问题 3：Dynamo 中根据一个视口位置排版其他视口位置的节点是什么？

问题 4：Dynamo 中根据坐标将视图排版到图纸的节点是什么？

第5章

建筑专业 BIM 设计及制图实践

 5.1 建筑专业制图概述

5.1.1 建筑专业 BIM 应用

与结构和机电专业相比，建筑专业对 BIM 软件平台的使用应该是阻力最小的，因为与"以设计顾问为主导"的设计模式相同，BIM 软件平台的开发很多也是以建筑专业制图习惯为出发点。其难点反而是如何完善与建筑结构专业的融合，实现真正的模型信息一体化。

建筑专业的 BIM 设计中，有关图纸表达的问题主要有 4 点：

①Revit 元件在各图面（平、立、剖）的表达与传统表达有所不同。

②在 CAD 制图中，设计者可以自由地通过图层控制线型种类及线宽，而在 Revit 环境里如上一章所述，线宽线型的显示是多种因素（如元件类别、显示比例、子分类设置等）共同决定的，因此为适应制图规范，线型的二次规整是必须的，在图纸数量巨大的情况下，这会造成不小的工作量（这个步骤可通过模板的设置进行优化）。

③比较需要多做探索的一点是，施工阶段的详图及大样图。Revit 模型的建立通常在前期就会在执行计划中定义每一个阶段模型需要达到的细节程度，施工阶段通常可达到 LOD 300～350，某些地方会根据具体需要局部深化。而 LOD 300 是不足以提供详图及大样图需要的细节程度的，所以会在模型的基础上辅以 2D 的详图构件，以补充施工阶段出图的需要。有关 3D 元件和 2D 构件组合的表达、更新、修改、碰撞检测等，都需要更多的实践来获得一个合理的工作流程。

④有关 Revit 的数据表格，模型、图面、数据、属性一体化是 Revit 最大的优点，但 Revit 的数据表格灵活性较低，很多时候都无法达到制图标准中对表格的需求，需根据不同标准进行调整及二次开发。

5.1.2 Revit 与建筑制图

本章主要参考标准为 GB/T 50001—2010《房屋建筑制图统一标准》（以下简称《统一标准》），GB/T 50104—2010《建筑制图标准》（以下简称《制图标准》），09J801《民用建筑工程建筑施工图设计深度图样》（以下简称《深度图样》）。

BIM 软件（包括 Revit）大多从建筑专业开始发展，与结构专业及暖通给排水专业相比，图面表达更贴近既有习惯，影响效率的主要是一些细节问题，当然如果要严格执行现行制图标准出图，这些小细节也确实会造成大影响。比如《深度图样》规定"立面外轮廓"宜向外加粗，即沿外立面轮廓线画一圈粗线，Revit 中立面由不同模型构件直接投影生成，投影线粗细在默认状态下由对象样式决定，因此无法自动生成，只能手动用"详图线"绘制，当模型改动时则需要重新描画；又比如《深度图样》规定立面只需表达"两端"轴号，中间轴号均予略过。Revit 轴网由三维轴线构成，平立剖面自动生成，所有轴号都可以自动显示；再比如平面图中广泛使用的立面及剖面符号，Revit 中剖立面符号与视图关联，自动生成详图编号与图纸编号，在模型界面中甚至可以通过双击直接跳转，这点也与《深度图样》中无索引的剖立面符号不同。各种细枝末节，不一而足。哪些是标准需要改进的，哪些是软件本身需要再次开发的，很难有一个统一的答案。本节旨在以 Revit 为软件平台结合现阶段建筑制图标准，对两种软件平台的制图效果进行比较说明，为设计施工单位提出一些实用性的建议。

图纸标准化管理通过定制项目模板实现，包含系统设置、图形显示设置、Revit 元件设置、信息输出设置 4 个大的范畴，第 5 章主要根据建筑专业制图习惯依次进行了说明，本节不再赘述，后两节的结构及机电制图实践中会根据各专业特性对模板设置进一步补充说明。

5.2 平面图

平面中，凡是结构承重并做有基础的墙、柱均应编轴线及轴线号；用粗实线和图例表

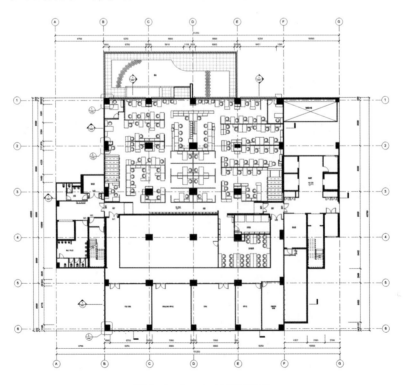

图 5.1 Revit 平面示例

示剖切到的建筑实体断面，并标注相关尺寸，详图需要表达构造层次；用细实线表示投影方向所见建筑构件（见图5.1）。

（1）剖切符号

《深度图样》规定，底层平面标注剖切线位置、编号及指北针。《统一标准》规定，剖视的剖切符号应由剖切位置线及剖视方向线组成，也可采用国际统一和常用的剖视方法。Revit 中的剖切符号采用国际通用的带有索引号的剖切符号（见图5.2）。平面里的剖切符号与剖面视图相互关联，在软件中可通过直接双击跳转到相应界面，并且剖切高度包含的平面中会自动显示其剖切符号，而不需要在首层平面定位剖面位置后，再到对应目标楼层查找。

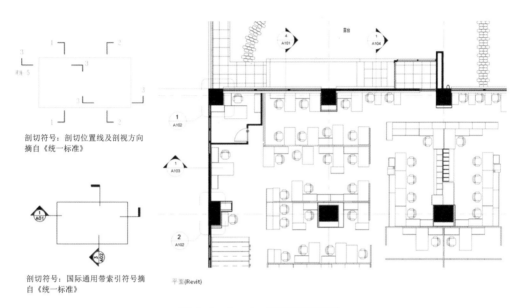

剖切符号：剖切位置线及剖视方向
摘自《统一标准》

剖切符号：国际通用带索引符号摘
自《统一标准》

平面(Revit)

图 5.2　Revit 平面剖切符号

（2）详图索引

《深度图样》规定，平面需标注有关节点详图或详图索引号。《统一标准》规定，索引符号是由圆和水平直径组成。索引符号上半圆中应注明详图编号，下半圆中应注明图纸编号。若索引出的详图采用标准图，应在索引符号水平直径延长线上加注标准图册编号。Revit 详图索引注解元件中包含详图编号及图纸编号信息，索引详图只有被置入某一图纸后，才能编辑其详图编号，索引符号会自动显示该编号及图纸，即使平面与索引图处于同一图纸，详图索引中也会显示该图纸的编号，而无法像图5.3示例（b）中一样，当索引处的详图在同一张图纸内时，用细实线代替图线编号。标准图册编号可通过文字注释添加。

（3）墙体核心层表达

墙体的平面图习惯表达为显示核心层，并用粗实线显示墙体断面，详图需要表达构造层次。显示构造层次信息与否与视图详细程度有关，"粗略"模式下，不会显示构造层次，只显示墙体总体厚度轮廓；"中等"及"详细"模式下，会显示构造层次信息。Revit 中墙体构造层的数量、名字、厚度、材料都可以根据项目要求进行具体而细致的定义，却无法做到只显示核心层。比较优化的地方在于可根据墙体类别及构造层次定义剖切样式，方便分析及表达的需求。

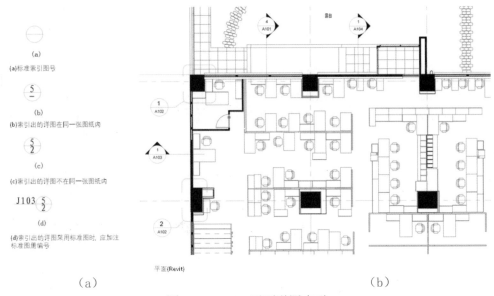

（a）

（b）

图 5.3 Revit 平面详图索引

（4）楼梯剖切符号

《统一标准》规定楼梯平面剖切符号应位于距楼层标高 1～1.2 m 处并与墙面呈 60°。剖切高度由视图范围中的剖切面高度决定，剖切符号则由类型属性中剪切标记类型决定，可选择单锯齿线或双锯齿线，截面线角度也可自由调节（见图 5.4）。其余踢面踏面突沿等的显示与否、显示形式也都可以通过子类别分别控制，并且所有这些设置也可如实反映到其他视图。

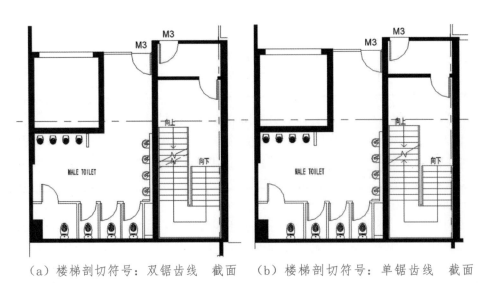

（a）楼梯剖切符号：双锯齿线 截面
线角度 25°

（b）楼梯剖切符号：单锯齿线 截面
线角度 30°

图 5.4 Revit 平面楼梯剖切符号

5.3 立面图

（1）立面轮廓线

《深度图样》规定，应把投影方向可见的建筑外轮廓绘出，如遇前后立面重叠时，前者的外轮廓线宜向外加粗。Revit 的图形显示是由模型构件自动投影生成，投影效果则以模型类别及子类别为框架进行了分类定义。建筑立面轮廓包含众多模型构件类别，无法统一其轮廓投影类型（见图 5.5）。当然用详图线勾勒一遍外轮廓线也是可以的，不过实际意义不大，而且在模型改动过程中，还得随时谨记要重复修改一次立面的详图线以符合修改后的立面轮廓。在实际应用中，对于一些纯粹图面表达习惯而非绝对必要性的规定，可以双方协调解决。在新旧软件平台过渡期，这种边实践边磨合的过程是必不可少的。

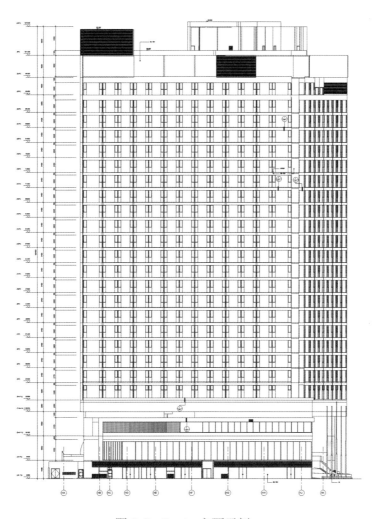

图 5.5　Revit 立面示例

（2）立面轴线表达

《深度图样》规定，每一立面图应绘注两端的轴线号，使用到展开立面时应注明转角处的轴线号。Revit 中的轴线带三维属性，意即在任何一个视图中建立的轴线，会同步投影到其他各视图（见图 5.6）。因此，不只是主要轴线，平面中建立的轴线都会同步投影到各立面中。

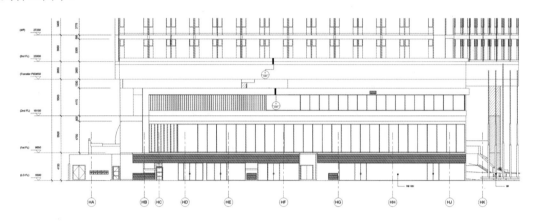

图 5.6　Revit 立面轴线表达

（3）立面剖线索引号

墙身详图索引可索引在剖面上，也可索引在立面上。剖线索引号与平面一样，当索引视图导入到相应图纸后，立面索引号可自动显示详图编号及图纸编号。唯一的区别是，平面索引符号是使用的"详图索引"功能添加的，而剖面的剖线索引符号则是使用"剖面"功能添加的，引出线与标头的位置关系会略有不同，表达的信息是一样的。索引号与轴号和剖切号不同，不具有三维属性，只会显示在唯一视图中（见图 5.7）。

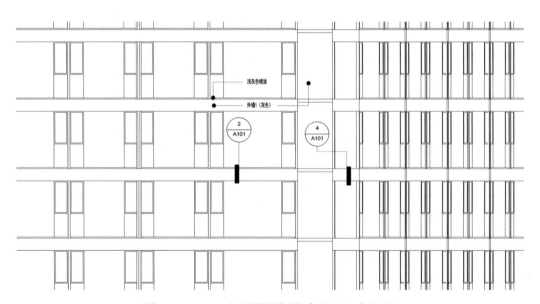

图 5.7　Revit 立面详图剖线索引及文字注释

（4）立面标高

立面标高内容为关键控制性标高，除了楼层标高外，还有檐口、屋脊、外墙留洞、室外地坪、屋顶机房标高等（见图5.8）。除楼层标高是由最初设置的标高线自动显示外，其余标高使用"高程点"功能添加。标高线具三维属性，在立面添加后，会同步显示到所有相关剖面，高程点标高则只会显示在单一视图。Revit 的注释功能显示了其作为一个数据库的优势，标注信息全从数据库中提取，只要在建模过程中确保设置准确，后期的标注不过是将已输入的数据读取出来，表现在图面上。

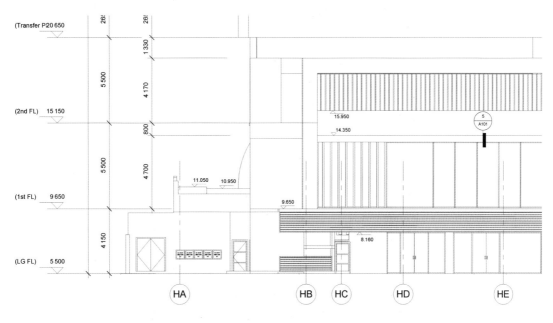

图 5.8　Revit 立面标高

5.4　剖面图

剖面图中要用粗实线画出所剖切到的建筑实体切面，用细实线画出投影方向可见的建筑构件。同时也同立面一样，进行内外标高、添加详图索引号及轴线编号等（见图5.9）。

（1）剖切面及投影面

将剖切面与投影面区别显示是 Revit 的强项，每个模型构件都可以在对象样式及可见性设置中分别定义其投影面及剖切面的填充图案及轮廓线线型、线宽。并且作为一体化的三维模型，不需要反复对照平面绘制剖面，而只需要定义剖切线位置，模型就会准确地生成剖面图，避免了人为二次绘制可能产生的误差，也提高了效率。特别是在结构复杂的项目中，可以任意无限制地提取剖面图，即时进行综合设计，是 Revit 应用于施工过程的优势之一。

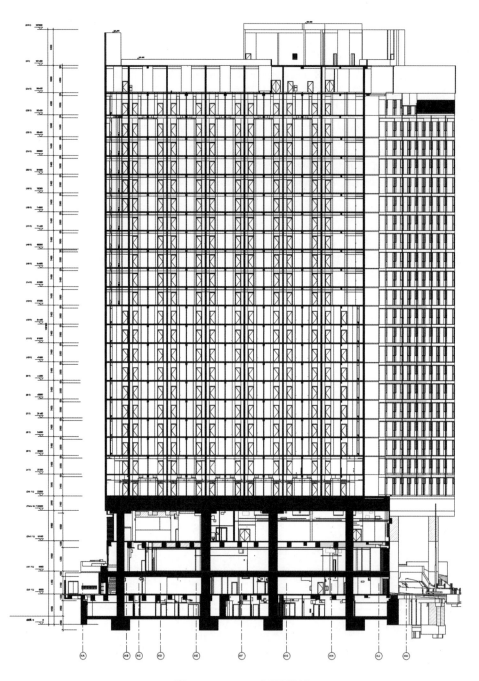

图 5.9　Revit 剖面示例

（2）轴线与剖切线

剖面中作为三维构件的轴线号会自动显示，但需要注意的是，只有在剖面与轴线垂直时，轴线才能正常显示。这是合乎逻辑的结果，当轴线与剖切线不垂直时，在一定剖切范围内轴线的位置是变化的，所以 Revit 无法知道在该剖面中应该将轴线显示在哪里。同样的逻辑也适用于参照平面，只要具有三维属性的 Revit 元件，就有这个软肋，一方面可以方便快捷地在多个视图同步显示，另一方面当它们与剖切线或立面符号不垂直时，就无法显示。实践中，通常使用体量模型中的面模型模拟这些基准元件，通过三维面模型在剖立面中确定轴线或参照平面位置后，再应用详图构件族来模拟轴号，以满足制图的需要。

5.5　详图

建筑详图分为 3 类，构造详图、配件及设施详图，以及装饰详图。Revit 中的详图绘制牵涉细节线、填充区域及详图组件的应用，它们都是 2D 属性的线条及图块，用来添加到视图中对三维模型元件没有表达到的细部构造进行补充说明，以满足建筑详图的制图需求。

对于 3D 模型构件和 2D 细节构件的综合应用，在实践中会尽量遵循 80/20 的原则，即是 20% 的 2D 构件加上 80% 的 3D 构件。使用这样的原则是为了最大限度发挥模型一体化的功效，避免过度依赖 2D 构件去增加模型的细节程度。因为 2D 构件不仅会极大地增加模型尺寸，影响模型性能；还无法与 3D 模型构件同步更新，会造成大量的重复性工作。当然适量的应用对于建筑详图绘制也确实是必不可少的。下面以楼梯构造详图为例进行说明。

《深度图样》规定，楼梯平剖面详图多以 1∶50 绘制，所注尺寸均为建筑完成面尺寸，宜注明墙轴线号、墙厚与轴线关系尺寸。栏杆处理需通过简略的示意加索引图集来表达，BIM 软件无法将栏杆进行简略表达，详细表达又有瑕疵，需要花费大量时间进行手动修饰。

5.6　门窗统计表

《深度图样》中门窗统计表以门类别为基础，分编号列明洞口尺寸，再分层进行数量统计，不同编号门使用图集号及页次编号列在最尾（见图 5.10）。

Revit 的明细表功能强大，以上提到的门类别、编号、洞口尺寸、分层数量统计、总数计算都可以直接从模型中提取。唯一的问题是 Revit 中明细表表格格式并没有那么灵活，比如若想要根据门的类型与标记统计门的数量，就需要在排序 / 成组功能中选择以族和标记来进行分组排序。如图 5.11 所示，表格中标高只能按竖行显示而无法如同《深度图样》所示采用横向排列。

实际应用中可采取结合 Excel 表的方式来解决这个问题，因为 Revit 已经提供了正确的原始数据，表格不过是排列组合方式。结合 Excel 灵活的表格编辑功能，链接 Revit 导出的原始数据（通常是 .txt 文件格式），即可达到需要的表格形式及数据，需要的话还可加入公式，并利用原始数据进行任何计算。当模型有所变动时，只需要再次导出 .txt 文件，覆盖原有文件，所有公式及链接方式都保持初始设置，只需对原始数据进行再次加载即可。

类别	编号	洞口尺寸 宽度（mm）	洞口尺寸 高度（mm）	地下二层	地下一层	一层	二层	标准层（三~九）	十层	十一层	十二层	十三层	总樘数
铝合金门	LM1	1000	2400						1			1	2
铝合金门	LM2	1500	2100									1	1
铝合金门	...												
实木复合门	M1	1000	2400			1							1
实木复合门	...												
甲级防火门	FM甲1	600	2000	1									1
甲级防火门	FM甲2	1000	2100	4	2	2	1	1×7=7	1	1	1		19
甲级防火门	...												
防火卷帘	FJM甲1	2800	2400			1							1
乙级防火门	FM乙1	1200	2100	4	3	1	1	1×7=7	1	1	1		18
乙级防火门	FM乙3	1500	2100	5	1	2	3	3×7=21	1	1	1	2	38
乙级防火门	...												

图 5.10　门表（摘自《深度图样》）

门表				
族	标记	宽度	高度	标高
乙级防火门	FMZ1	1200	2100	一层
乙级防火门	FMZ1	1200	2100	二层
乙级防火门	FMZ1	1200	2100	十一层
乙级防火门	FMZ1	1200	2100	十二层
乙级防火门	FMZ1	1200	2100	十层
乙级防火门	FMZ1	1200	2100	地下一层
乙级防火门	FMZ1	1200	2100	地下二层
乙级防火门	FMZ1	1200	2100	标准层
FMZ1: 19				
乙级防火门	FMZ3	1200	2100	一层
乙级防火门	FMZ3	1200	2100	二层
乙级防火门	FMZ3	1200	2100	十一层
乙级防火门	FMZ3	1200	2100	十三层
乙级防火门	FMZ3	1200	2100	十二层
乙级防火门	FMZ3	1200	2100	十层
乙级防火门	FMZ3	1200	2100	地下一层
乙级防火门	FMZ3	1200	2100	地下二层
乙级防火门	FMZ3	1200	2100	标准层
FMZ3: 38				

门表				
族	标记	宽度	高度	标高
实木复合门	M1	1000	2400	一层
M1: 1				
甲级防火门	FM甲1	600	2000	地下二层
FM甲1: 1				
甲级防火门	FM甲2	1000	2100	一层
甲级防火门	FM甲2	1000	2100	二层
甲级防火门	FM甲2	1000	2100	十一层
甲级防火门	FM甲2	1000	2100	十二层
甲级防火门	FM甲2	1000	2100	十层
甲级防火门	FM甲2	1000	2100	地下一层
甲级防火门	FM甲2	1000	2100	地下二层
甲级防火门	FM甲2	1000	2100	标准层
FM甲2: 19				
铝合金门	LM1	1000	2400	十三层
铝合金门	LM1	1000	2400	十层
LM1: 2				
铝合金门	LM2	1500	2100	十三层
LM2: 1				
防火卷帘	FJM甲1	2800	2400	一层
防火卷帘	FJM甲1	2800	2400	十三层
FJM甲1: 2				

图 5.11　Revit 门表示意

第 6 章
结构专业 BIM 设计及制图实践

6.1 结构专业制图概述

6.1.1 结构专业 BIM 应用

对于结构专业来说，Revit 的问题在于有形无实。其"无实"在于可以有结构分析模型，却没有结构分析功能，需要与第三方软件配合才能进行结构计算，而在现阶段各种软件平台的交互使用仍然存在大量的问题，实现流畅的双向交互还有很长的路要走；另一个问题在于 Revit "反映真实"的特质，与抽象概括性表达的平法制图不同，Revit 软件平台中模型构件与注释内容需要一一对应，比如对于位于桩基上部间距 100 mm 的纵筋 10 条，Revit 就无法自动将其概括性地表达为 Tϕ10@100。同时由于数据承载力的问题，为了模型运行的流畅，通常也不会建立完整的钢筋模型。这种缺乏分析功能的建模，甚至可以说是平法时代的倒退。基于这些限制，现行的工作流程有两种：

①在 Revit 中建立无配筋模型，用于参与协同工作，并结合共享参数定制化模型构件的注释信息，按传统平法完成制图工作。交付内容以图纸为主。

②借助第三方结构设计软件计算并导出钢筋数据完整的结构模型，导入 Revit 中后进行制图工作。由于 Revit 难以进行抽象性表达的特质，仍然需要共享参数辅助进行注释。但由于模型数据完整，可以考虑以模型为交付内容。毕竟施工图的目的是帮助施工人员了解设计意图及结构关系，三维模型在信息完整的情况下无疑具有更大的优势。

前者的使用模式适合初期推广，但这样纯粹为了表达而表达，不仅没有利用到 BIM 软件平台的优势，而且在实践中也会因为重复性工作造成效率低下。后者的使用模式则可以说是结构专业使用新软件平台的最终目的。传统结构设计分为方案设计、结构计算、施工图绘制和碰撞检查，相应地产生 4 套模型数据，即模板图、计算模型、施工图和用于碰撞检查的模型，而这 4 套数据在整个设计过程中的独立存在正是造成设计效率低下的最终原因。

近几年由于 BIM 软件平台的日益流行，很多软件都开始开发相应的接口以实现信息共享。比如对应 Revit 的 PKPM-Revit，YJK-Revit，SAP2000-Revit 等。同时，有些 BIM 软件平台，例如 Revit 因为有 Autodesk 等大公司的技术支持与后续研发，也在不断更新进步中，辅以速博插件（Rex）、Autodesk Robot StructureTM，在国外结构设计领域得到了广泛使用。可见，建立一个兼容并蓄的结构设计制图碰撞检测平台并不是遥遥无期。

本节主要从制图角度出发，阐述 Revit 结构设计模块如何通过发挥现有功能实现符合平法标准的图纸交付工作，并且通过共享参数与批量标注等功能提高工作效率。

6.1.2 Revit 与平法制图

平法规则通过对构件的信息归并标注，简洁高效，便于施工单位计算并绘制料单。按平法设计绘制的施工图，一般是由各类结构构件的平法施工图和标准构造详图两大部分构成，但对于复杂的工业与民用建筑，尚需增加模板、开洞、预埋件等平面图。只有在特殊情况下才需增加剖面配筋图。平法系列图集包括：

① 16G101-1《混凝土结构施工图　平面整体表达方法制图规则和构造详图（现浇混凝土框架、剪力墙、梁、板）》。

② 16G101-2《混凝土结构施工图　平面整体表达方法制图规则和构造详图（现浇混凝土板式楼梯）》。

③ 16G101-3《混凝土结构施工图　平面整体表达方法制图规则和构造详图（独立基础、条形基础、筏形基础、桩基础）》。

下文统一简称《平法制图》。

按照《平法制图》规则，一般要求有：

①按照《平法制图》规则，结构构件平法施工图上应直接表示各构件的尺寸、配筋。出图时，宜按基础、柱、剪力墙、梁、板、楼梯及其他构件的顺序排列。

②在平面布置图上表示各构件尺寸和配筋的方式，分平面注写方式（见图 6.1）、列表注写方式（见图 6.2）和截面注写方式（见图 6.3）3 种。

③应将所有柱、剪力墙、梁和板等构件进行编号，编号中含有类型代号和序号等。其中，类型代号的主要作用是指明所选用的标准构造详图。在标准构造详图上，按其所属构件类型注明代号，明确该详图与平法施工图中该类型构件的互补关系，使两者结合构成完整的结构设计图。

④应当用表格或者其他方式注明包括地下和地上各层的结构层楼（地）面标高、结构层高及相应的结构层号。为施工方便，应将统一的结构层楼面标高和结构层高分别放在柱、墙、梁等各类构件的平法施工图中。

BIM 的注释标记作为构件的固有信息，两者一一对应，无法如平法规则般对同类构件信息进行归并。但 Revit 平台可对模型数据进行统计分析并生成明细表，如果有清晰的建模标准规范，是可以直接从模型里生成准确的构件数量及开列详细材料清单的，因此使用 Revit 平台进行设计输出时，是否应该延续平法制图的规定是一个值得思考的问题。当然平法应用基础广泛且有其深刻的实用性，不可能在短时间内适应新的软件平台。本章的目的就是结合 BIM 软件技术特点及现阶段结构制图标准，为设计施工单位提出一些实用性的建议。

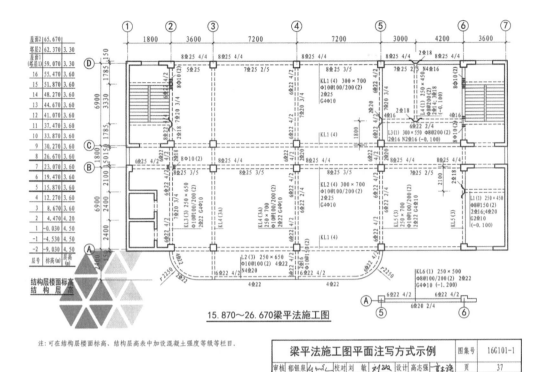

图 6.1　梁平法施工图平面注写方式示例（摘自《平法制图》）

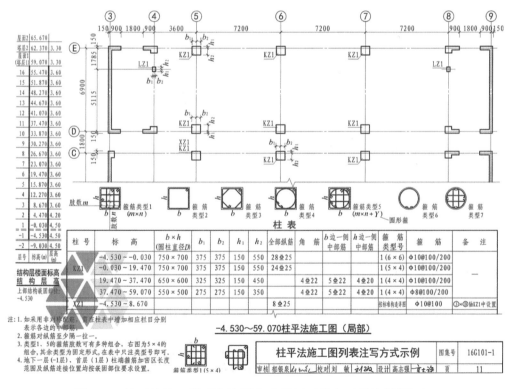

图 6.2　柱平法施工图列表注写方式示例（摘自《平法制图》）

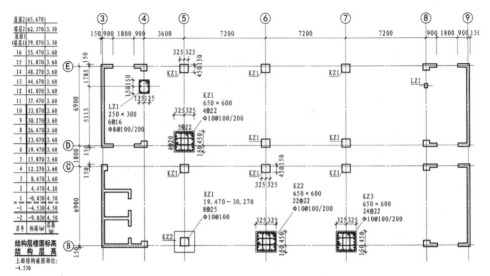

19.470～37.470柱平法施工图（局部）

柱平法施工图截面注写方式示例		图集号	16G101-1
审核 郝银果 校对 刘 敏 设计 高志强		页	12

图 6.3 柱平法施工图截面注写方式示例（摘自《平法制图》）

6.2 结构制图图纸标准化管理

结构制图图纸标准化管理同样由系统设置、图形显示设置、Revit 元件设置、信息输出设置 4 个范畴决定。此处针对结构制图的特性对 4 个范畴的设置进行一些补充说明。

6.2.1 系统设置—共享参数建立

在结构施工图的绘制过程中，对 Revit 未有内置化的属性，需要共享参数的建立来支撑标记族的建立，进而实现图纸中的信息注释。下面以结构构件为基本分类，对结构模型共享参数的建立进行了分类罗列（见表 6.1）。

表 6.1 结构构件及对应的共享参数

结构构件	添加共享参数
基础	类型编号、截面竖向尺寸、底部配筋、顶部配筋
梁	类型编号、跨数、悬挑、箍筋、上部钢筋、下部钢筋一层、下部钢筋二层、附加顶部钢筋、附加底部钢筋、构造筋
墙、柱	类型编号、箍筋、主筋、角筋、角筋数量、附加箍筋
板、屋盖	类型编号、跨数、悬挑、截面竖向尺寸、底部配筋、顶部配筋
楼梯	类型编号、梯板厚度、踏步段总高度、踏步级数、上部纵筋、下部纵筋、梯板分布筋

6.2.2 图形显示设置—视图样板

创建视图样板批量控制视图样式,可以快捷有效地调整视图以符合施工图绘制要求(见图 6.4)。

图 6.4 视图样板

①根据 GBT 50105—2010《建筑结构制图标准》,对图面比例作了如下要求:

图 名	常用比例	可用比例
结构平面图,基础平面图	1:50,1:100	1:60,1:200
圈梁平面图,总图中管沟、地下设施等	1:200,1:500	1:300
详图	1:10,1:20,1:50	1:5,1:30

在实际使用时,可根据图纸的大小进行适当的选择。

②通常为了达到传统 CAD 出图中钢筋的单线效果,详细程度可设置为"粗略"。Revit 提供了钢筋实际体量,在图面钢筋布置简单的情况下设置为"中等",可以更直观地反映配筋情况。一般不建议选择"精细",有可能会导致图面信息过多而影响构件的配筋表示。

③对"V/G 替换模型"的设置,一般选择关闭结构模型以外的设置。根据出图时的具体情况,可再进一步细分模板,关闭不相关模型,如在梁平面布置图中关闭墙、板的显示。

④对"V/G 替换注释"的设置,在只保留结构目录下的注释基础上,需要取消勾选多余的注释。Revit 提供了全面而详细的注释类别,但在结构施工图出图时,为了突出主要信息,使要表达的构件信息清晰明确,需要对模型制作过程中标注的参考线、文字进行隐藏。

⑤在模型绘制过程中，有时会用到参照图。这些参照图在生成结构施工图的时候是不需要的，可在"V/G 替换导入"中将其隐藏。

⑥关于过滤器的设置，由于在结构施工图模型中，所使用的模型类别较单一，为柱、墙、梁、板和钢筋，因此一般不进行特别设置。

⑦模型显示选项设置中，样式一般设置为"隐藏线"。每个钢筋图元包含视图可见性设置，该设置是实例属性。选择钢筋模型构件，在属性栏中开启"钢筋图元视图可见性状态"对话框，勾选"清晰的视图"选项，则钢筋不会被其他图元遮挡。被剖切的钢筋图元在剖切面中始终可见（见图 6.5、图 6.6）。

视图类型	视图名称	清晰的视图	作为实体查看
三维视图	Analytical Model	☐	☐
三维视图	{3D}	☐	☐
三维视图	{三维}	☐	☐
剖面	Pile	☑	☐
剖面	CT1截面视图	☑	☐
剖面	CT3截面视图	☑	☐
剖面	CT2截面视图	☑	☐
剖面	ZH1截面视图	☑	☐
剖面	ZH1	☑	☐
立面	South	☐	☐
立面	West	☐	☐
立面	East	☐	☐
立面	North	☐	☐

钢筋图元视图可见性状态

在三维视图(详细程度为精细)中清晰显示钢筋图元和/或显示为实心。

单击列页眉以修改排序顺序。

确定　　取消

图 6.5　钢筋图元视图可见性状态对话框

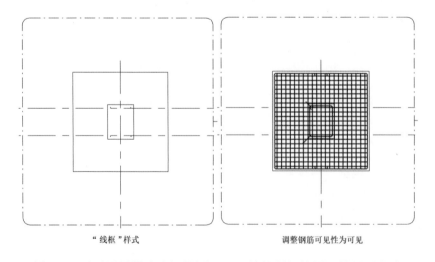

"线框"样式　　　　　　　　　　调整钢筋可见性为可见

图 6.6　通过设置样式和钢筋图元可见性控制钢筋图元的显示方式

6.2.3 Revit 元件——文字注释

目前 Revit Structure 内尚不能输入 HPB235(Φ)，HRB335(Φ)，HRB400(Φ)，RRB400(Φ^R) 等钢筋的符号，鉴于此我们对 window 字库进行定制以支持中国钢筋符号的显示要求。Autodesk 公司 Revit 扩展程序"速博"附带的字体"Revit.ttf"为中国钢筋符号的显示提供了解决方案。不同于 AutoCAD 直接将定制字体放入程序自己的字体库，Revit 使用时只需将"Revit.ttf"字体文件加载到"系统盘（默认为 C):\windows\fonts\"使用。同时，为达到仿宋体的显示效果，需要将文字的宽高比设为 0.7。

钢筋符号的输入，在编辑环境默认的输入字体为"Revit.ttf"的情况下，下面为键盘输入符号和钢筋符号的对照表：

$ —— 代表 HPB235，输入后显示的符号为Φ；

% —— 代表 HRB335，输入后显示的符号为Φ；

& —— 代表 HRB400，输入后显示的符号为Φ；

—— 代表 RRB400，输入后显示的符号为Φ。

6.2.4 Revit 元件——模型标记

结构专业建模中，另一个需要大量定制化的是模型标记族，模型标记族用来对模型构件添加注释信息。模型标记由图形及标签构成，图形可在族文件编辑器中自由绘制，标签则是由 Revit 内置参数和定制化的共享参数构成。这些共享参数会以标签的形式被添加到标记族中，并导入项目文件中成为设备模型构件的固定属性。在建模过程中，选中结构模型构件，输入属性值，再在不同视图中通过相应的标记族读取这些属性值，即是 Revit 显示注释信息的一般工作流程。表 6.2～6.6 中将《平法制图规则》中的注释内容进行了总结，并与 Revit 中的标记族注释效果进行对比，由此可见，Revit 是可以满足传统二维结构施工图对注释内容的要求的。

表 6.2 Revit 基础集中标记族

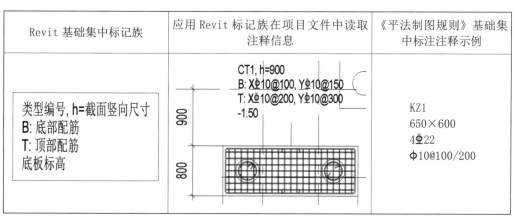

Revit 基础集中标记族	应用 Revit 标记族在项目文件中读取注释信息	《平法制图规则》基础集中标注注释示例
类型编号, h=截面竖向尺寸 B: 底部配筋 T: 顶部配筋 底板标高	CT1, h=900 B: XΦ10@100, YΦ10@150 T: XΦ10@200, YΦ10@300 -1.50	KZ1 650×600 4Φ22 Φ10@100/200

表 6.3 Revit 柱编号标记族

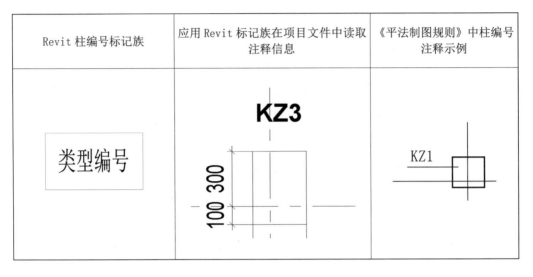

Revit 柱编号标记族	应用 Revit 标记族在项目文件中读取注释信息	《平法制图规则》中柱编号注释示例
类型编号	KZ3	KZ1

表 6.4 Revit 梁原位 / 集中标记族

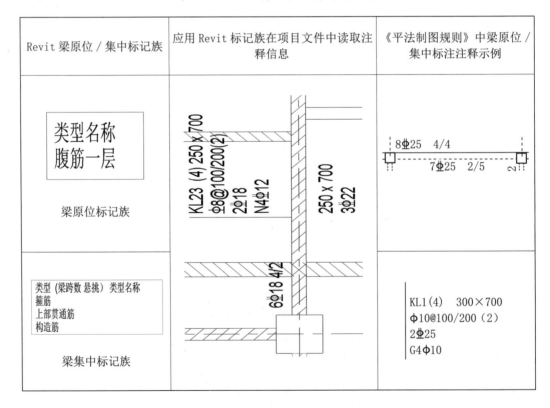

Revit 梁原位 / 集中标记族	应用 Revit 标记族在项目文件中读取注释信息	《平法制图规则》中梁原位 / 集中标注注释示例
类型名称 腹筋一层 梁原位标记族		
类型 (梁跨数 悬挑) 类型名称 箍筋 上部贯通筋 构造筋 梁集中标记族		

表 6.5　Revit 板原位 / 集中标记族

Revit 板集中 / 原位标记族	应用 Revit 标记族在项目文件中读取注释信息	《平法制图规则》中板原位 / 集中注释示例
编号　h=板厚 B: 下部贯通纵筋 T: 上部贯通纵筋 **板集中标记族**	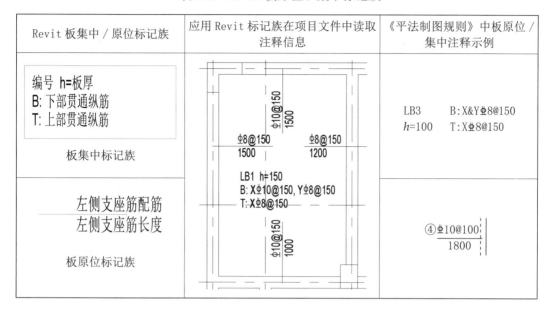	LB3　　B:X&Yϕ8@150 h=100　　T:Xϕ8@150
左侧支座筋配筋 **左侧支座筋长度** **板原位标记族**		④ϕ10@100 1800

表 6.6　Revit 楼梯标记族

Revit 楼梯集中标记族	应用 Revit 标记族在项目文件中读取注释信息	《平法制图规则》中楼梯集中注释示例
类型编号　h=梯板厚度 踏步段总高度/ 踏步级数 上部纵筋; 下部纵筋 F梯板分布筋	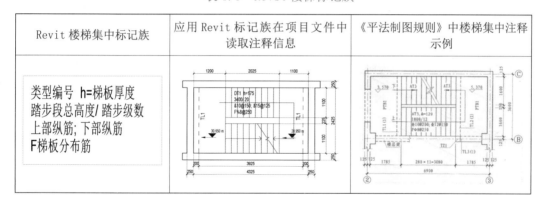	

6.3　基础平法施工图

　　桩基础包括桩基承台和构造桩，一般会将桩基承台平面布置图与桩平面布置图同时提供。桩基承台平面布置图，有平面注写和截面注写两种表达形式，可根据具体工程情况选择一种，或将两种方式结合使用。平面注写与列表注写表达信息一样，只是一个以列表形式，一个则是将表格中的内容集中标注在桩上；桩平面布置图，则一般采用截面注写方式，对标准桩进行截面注写，然后相同编号的桩共用一个截面标注。也有采用列表注写方式，在桩型较多时以列表的方式反映桩的结构信息（见图 6.7）。

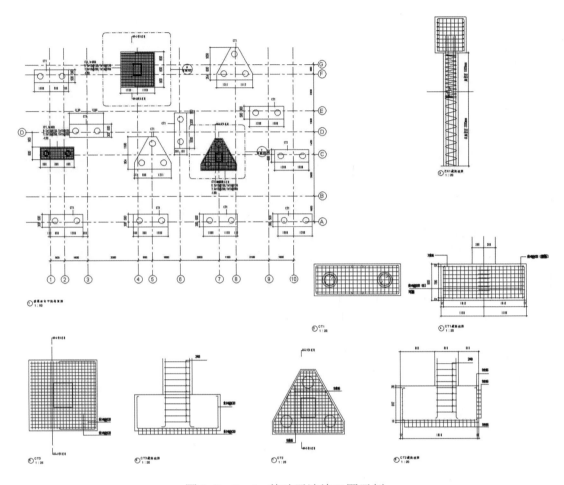

图 6.7 Revit 基础平法施工图示例

6.3.1 桩基承台平面图

本节以平面注写为例，对桩基承台的平法施工图制作进行说明。桩基承台的平面注写包括集中标注和原位标注两部分。承台的集中标注，系在承台平面上集中引注承台编号、截面竖向尺寸、配筋 3 项必注内容，以及承台板底面标高和必要文字注解两项选注内容。集中标注的方法不论是在传统二维制图还是在现在的 Revit 施工图绘制中，都能简洁明确地传达构件的结构信息，是常用的标注方法之一。对于有大量典型构件的，对构造相同的结构只进行一次标注，既节省了时间，又清晰了图面表示。对于承台配筋集中标注，《平法制图规则》规定如下：

①以 B 打头注写底部配筋，以 T 打头注写顶部配筋。

②矩形承台 X 向配筋以 X 打头，Y 向配筋以 Y 打头；当两向配筋相同时，则以 X&Y 打头。

③当为等边三桩承台时，以 △ 打头。

在 Revit 中，为实现对桩基承台的集中标注，需添加与标注内容相应的共享参数。同时，需要创建或修改用于桩基承台的模型标记族。之后选取具有相同构造的承台中位置较明显的一个进行集中标注，而对其他相同构造的承台则只标注类型编号，使施工人员清晰了解到这些承台与集中标注承台具有相同编号（即相同构造）即可（见图 6.8、图 6.9）。

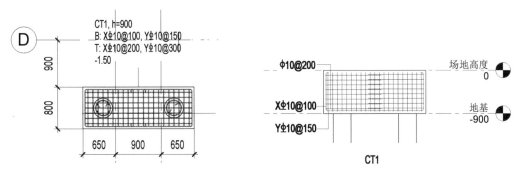

（a）Revit 平面注写方式局部放大实例　　　（b）Revit 截面注写方式局部放大实例

图 6.8　Revit 桩基础承台平面注写与截面注写方式对比

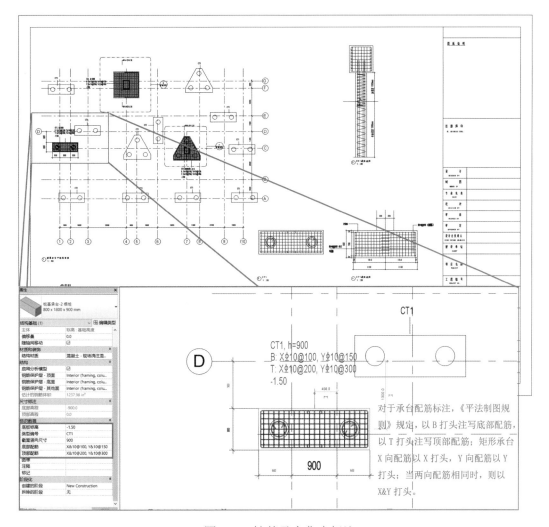

图 6.9　桩基承台集中标注

原位标注，则是指在桩基承台平面布置图上标注独立承台的平面尺寸，相同编号的独立承台可仅选择一个进行标注，其他仅标注编号（见图 6.10）。

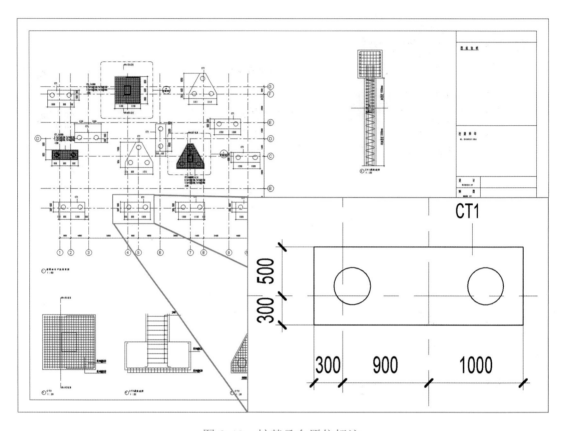

图 6.10　桩基承台原位标注

Revit 对于反映基础实际配筋信息有天然的便利性。在上例中，在"钢筋图元视图可见性状态"对话框中勾选"清晰的视图"选项，以使施工图可以反映桩基础实际配筋情况，同时"详细程度"设为"中等"，以忽略钢筋实际体量等冗余信息，使施工人员快速准确捕捉到施工图的关键信息。

6.3.2　桩平面图

对于桩基础，一般会将桩基承台平面布置图与桩平面布置图同时提供。桩平法施工图，一般采用截面注写方式，对标准桩进行截面注写，然后相同编号的桩共用一个截面标注。也有采用列表注写方式，在桩型较多的时候以列表的方式反映桩的结构信息。本节以截面注写方式为例，介绍桩基础平法施工图的绘制方法。

传统平法施工图当中，因为图面空间有限，不会按比例画出桩的实际长度，而是以折断线分开钢筋加密区与非加密区，示意标出钢筋加密区与非加密区的长度。而 Revit 直接反映构件真实情况的特性反而给在有限图面空间中绘图带来了困难，但并非不可能。要在 Revit

中实现传统制图中示意性制图，可在桩剖面图中通过剖面自带的"截断"功能获取钢筋加密区、非加密区视图，调整示意图至适合大小，移动拼接产生桩配筋示意图（见图 6.11）。最后在拼接处用"折断号"符号实例示意，对现时图面钢筋加密区、非加密区进行尺寸标注后，通过尺寸标注文字替换来标出钢筋加密区、非加密区实际长度（见图 6.12）。

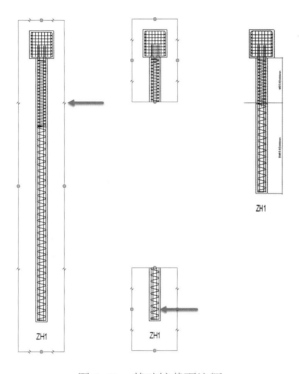

图 6.11　基础桩截面注写

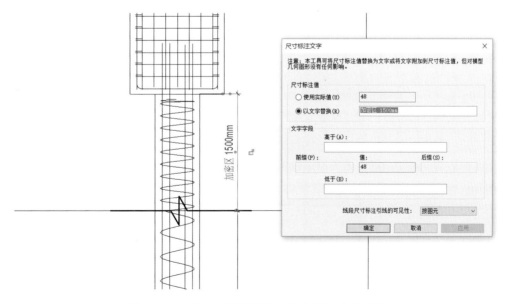

图 6.12　基础桩截面注写的尺寸标注文字替换

传统基础平法施工图在钢筋的绘制方面会消耗大量时间。与传统方法相比，Revit 绘制基础平法施工图时可以通过控制显示设置快速反映基础的实际配筋情况，在模型结构分析的基础上不用再进行额外的绘制工作，具有非常高的绘图效率。然而，如果将全部基础的结构配筋信息加以显示，则会因图面信息过多而给施工人员的读图造成困扰。所以，通过控制显示设置，只显示几个标准基础结构配筋信息，再按照《平法制图》规定，在其他同类型基础上添加编号归类而不再重复显示结构配筋信息，可保持图面清晰明了。在模型交付尚未标准化的现今，可将三维模型作为辅助文件，对制图信息进行补充说明（见图6.13）。

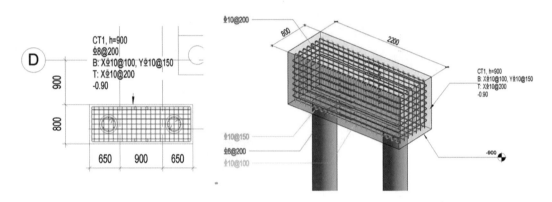

图 6.13　基础配筋示意图

6.4　框架梁平法施工图

梁平法施工图，应分别按照梁的不同结构层，将全部梁和与其相关联的柱、墙、板一起采用适当比例绘制。梁平法施工图系在梁平面布置图上采用平面注写方式或截面注写方式表达。本节以平面注写方式为例。

平面注写方式，是在梁平面布置图上，分别在不同编号的梁中各选一根梁，在其上注写截面尺寸和配筋具体数值的方式来表达梁平面施工图。平面注写方式包括集中标注与原位标注，集中标注表达梁的通用数值，原位标注表达梁的特殊数值。当集中标注中的某项数值不适用于梁的某部位时，则将该项数值原位标注。施工时，原位标注取值优先（见图6.14）。

两种标注在内容上有所不同。梁集中标注的内容有5项必注值及1项意向选注值（集中标注可以从梁的任一跨引出），包括：1. 梁编号；2. 梁截面尺寸；3. 梁箍筋；4. 梁上部通长筋或架立筋配置；5. 梁侧面纵向构造钢筋或受扭钢筋配置；6. 量顶面标高差（相对于结构层楼面标高的高差值），该项为选注值。梁原位标注的内容：1. 梁支座上部纵筋，含该部位通长筋在内的所有纵筋；2. 梁下部纵筋；3. 当梁集中标注的内容不适用于某跨或某悬挑部分时，则将其不同数值原位标注在该跨或该悬挑部位，施工时应按原位数值取用。

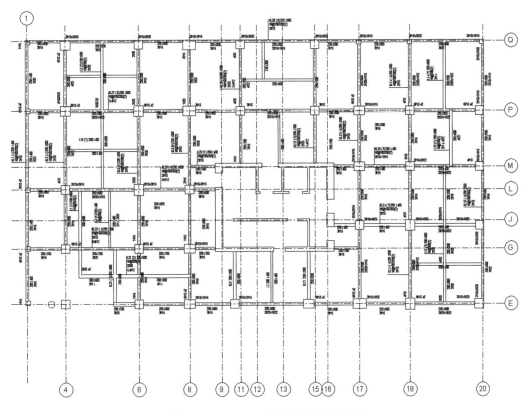

图 6.14　Revit 梁平法施工图示例

在 Revit 中实现对梁的集中标注与原位标注，需添加与标注内容相应的共享参数。同时，需要创建或修改用于梁的模型标记族（见图 6.15）。

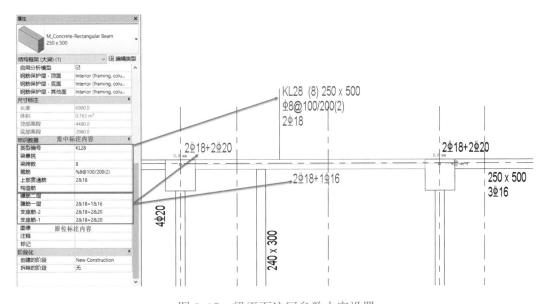

图 6.15　梁平面注写参数内容设置

由于梁构件众多，实际应用中会通过"梁注释"功能对视图中的梁进行批量注释。"梁注释"功能可以在梁不同位置放置不同的注释。根据《平法制图》在梁两翼和腹部放置原位标注的注释族，在梁正上方放置集中标注注释族。完成之后，需对图面进行清理调整，如重复的集中标注。与对梁进行逐个注释相比，批量注释后必须进行一定后期处理，但在遇到大型或复杂结构时，"梁注释"功能可以在模型信息健全的情况下以极高的速度完成梁平法施工图的绘制，与传统绘图相比，具有巨大优势（见图 6.16）。

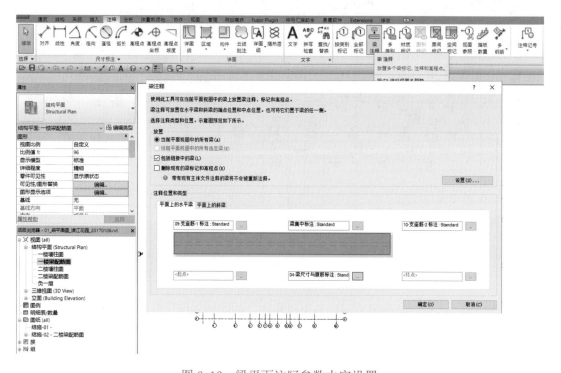

图 6.16　梁平面注写参数内容设置

同时，由于 Revit 可以非常方便地实现对相同属性结构构件的批量选择及编辑，通过 Revit 绘制梁平面布置图时，可以通过"选择全部实例"选择同属性构件，如同尺寸的梁，然后使用"替换视图中的图形"功能将同属性的梁改为相同颜色，方便设计人员识图，而不需要逐条检查梁的尺寸等信息。或者在过滤器中通过梁的尺寸信息对梁构件进行批量选择分组，再对不同组别的梁的投影面剖切面样式进行编辑，也可达到同样的效果。同样，可将三维模型作为辅助文件对梁配筋状况进行补充说明（见图 6.17、图 6.18）。

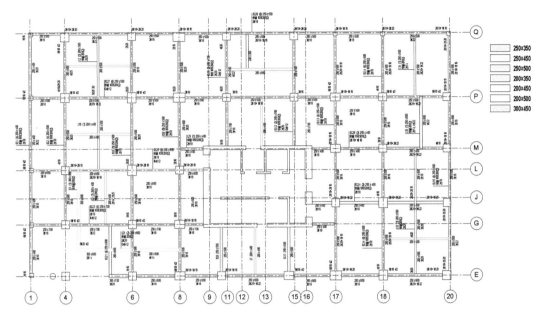

图 6.17 进行尺寸过滤后的梁平面图

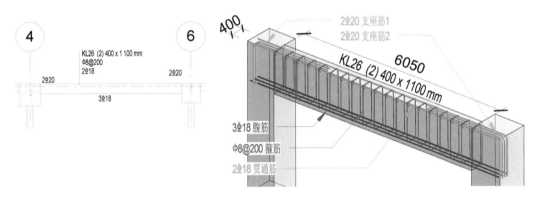

图 6.18 框架梁配筋示意图

6.5 柱、墙平法施工图

在一般的混凝土结构中，柱平法施工图可采用适当比例单独绘制，但一般会与剪力墙平面布置图合并绘制。柱、墙平法施工图是在墙、柱平面布置图上采用列表注写方式或截面注写方式表达。有时，对于复杂墙、柱结构会结合两种注写方式进行平面图绘制，以达到信息清晰准确（见图 6.19）。本节也会综合两种注写方式进行说明。

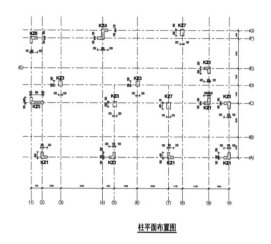

柱平面布置图

柱表

截面						
编号	KZ1	KZ3	KZ4	KZ5	KZ6	KZ7
标高	基础顶~屋面(三层~屋面)	基础顶~屋面	基础顶~屋面	基础顶~屋面	基础顶~屋面(三层~屋面)	基础顶~二层
纵筋	10⏀14+4⏀12	4⏀18(角筋)+4⏀14	18⏀14+4⏀12	10⏀14+10⏀12	10⏀14+4⏀12	4⏀16(角筋)+6⏀14
箍筋及拉筋	⏀8@200	⏀8@100/200	⏀8@100/200	⏀8@200	⏀8@100/200	⏀8@100/200

图 6.19 Revit 列表注写与截面注写相结合的柱平法施工图示例

（1）列表注写方式

列表注写方式，系在柱、墙平面布置图上，分别在统一编号的柱或墙中选择一个截面标注几何参数代号，然后在柱表、墙表中注写柱、墙编号信息。柱墙表中包含柱、墙段起止标高，几何尺寸与配筋的具体数值，并配以各种柱、墙截面形状及其箍筋类型图，来对不同编号柱、墙类型进行说明。用 Revit 明细表功能可以非常简便快捷地创建柱表、墙表。

柱表										
类型编号	截面宽度	截面高度	砼强度等级	箍筋类型及间距	角筋数量	角筋类型	B侧单侧中部纵筋数量	B侧中部纵筋类型	H侧单侧中部纵筋数量	H侧中部纵筋类型
KZ1	350	350	C25	Φ10@100/200	4	⏀16	1	⏀16	1	⏀16
KZ2	500	300	C25	Φ8@100/200	4	⏀16	2	⏀16	2	⏀16
KZ3	350	350	C25	Φ10@100/200	4	⏀16	1	⏀16	1	⏀16
KZ4	400	400	C25	Φ10@100/200	4	Φ20	1	⏀16	1	⏀16
KZ5	400	450	C25	Φ10@100/200	4	⏀20	1	⏀16	1	⏀16
KZ6	300	300	C25	Φ8@100/200	4	⏀16	1	⏀16	1	⏀16

图 6.20 Revit 绘制柱表

（2）截面注写方式

截面注写方式，系在柱、墙平面布置图的柱截面上，分别在统一编号的柱中选择一个截面，以直接注写截面尺寸和配筋具体数值的方式来表达。采用截面注写方式时，为使构件信息清晰明确，需选择以适当比例原位放大绘制柱、墙截面配筋。Revit 在同一视图中显示的比例是统一的，无法局部放大，但可以以详图索引的方式另外绘制，并在平面图中以详图索引符号表达索引图号及图集信息，图面会更清晰美观，再辅以三维视图对钢筋配置状况进行补充说明（见图 6.21—图 6.23）。

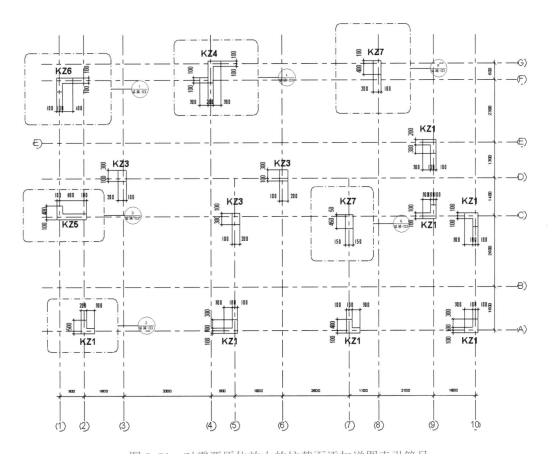

图 6.21　对需要原位放大的柱截面添加详图索引符号

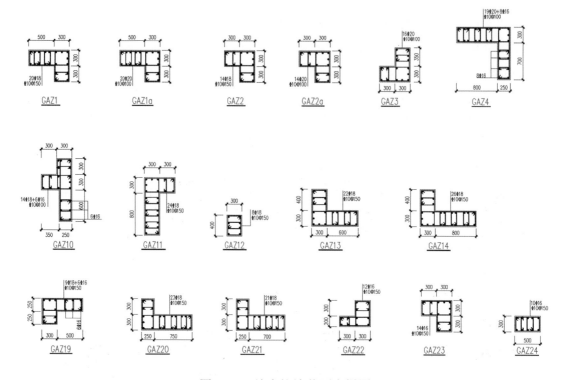

图 6.22　综合柱墙截面大样图

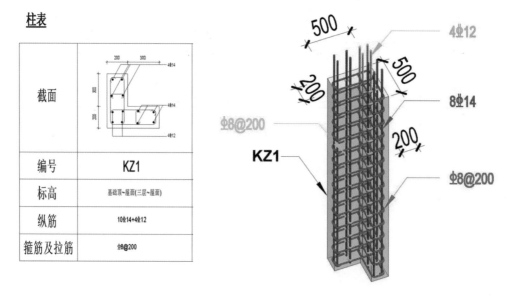

图 6.23　柱配筋示意图

6.6　板平法施工图

板的平法施工图，系在楼面板平面布置图中，采用平面注写的方式注写板的结构属性。板平面注写主要有板集中标注和板支座原位标注两部分内容（见图 6.24）。

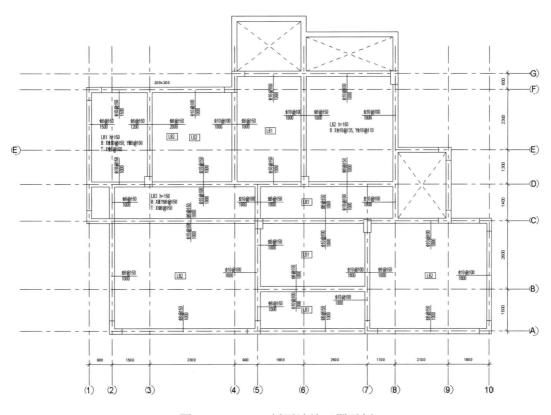

图 6.24　Revit 板平法施工图示例

板集中标注的内容包括板编号、板厚、贯通纵筋以及当板面标高不同时的标高高差。与基础、梁、墙、柱部分一样，在 Revit 中，为实现对板的集中标注，需添加与标注内容相应的共享参数。同时，需要创建或修改用于板的模型标记族（见图 6.25）。

板支座原位标注的内容有：板制作上部非贯通纵筋和悬挑板上部受力钢筋。根据《平法制图》规定，板支座原位标注的钢筋，应在配置相同跨的第一跨表达。在配置相同跨的第一跨，垂直于板支座（梁或墙）绘制一段适宜长度的中粗实线，以该线段代表支座上部非贯通纵筋，并在线段上方注写钢筋编号、配筋值、横向连续分布的跨数等。板支座上方非贯通筋自支座中线向跨内的伸出长度，注写在线段下方（见图 6.26）。

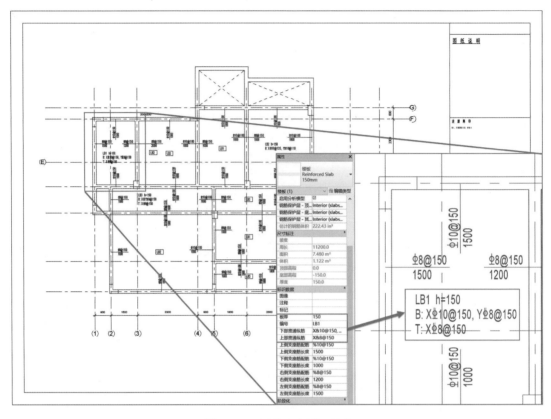

图 6.25 板集中标注示例

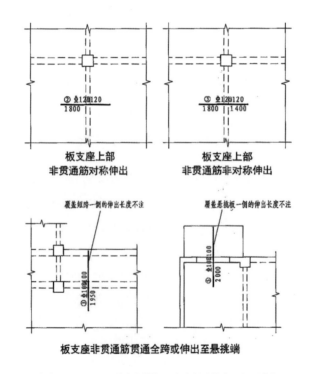

图 6.26 《平法制图》中板原位标注示例

对于 Revit 而言，应尽量避免示意性表达。示意性表达不仅与 Revit 真实反映实际情况的特性相悖，而且对 Revit 模型本身的应用不能产生更多的价值。特别是对板的施工图制作，传统施工图标注习惯通过钢筋弯钩方向来表示配筋的上下位置，现在在平法规则下不再采用钢筋弯钩的示意方式，而是在原位标注中以中粗实线表达，并且用该实线示意出同一支座位置两块板中支座筋的不同长度，这对 Revit 来说非常困难。如果借助"细节线"等工具，更会使工作量大幅增加，特别是有贯通筋的时候，更是需要通过添加额外注释的方式进行说明。虽然可以通过拖动标记族符号线的方式达到示意的效果，但还是无法完美地达到高效的目标，而对于大型项目来说，采用手动的方式逐个调整注释信息就失去了使用 Revit 的优势（见图 6.27、图 6.28）。

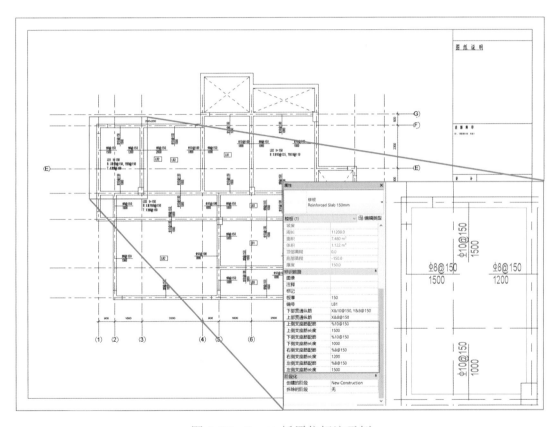

图 6.27　Revit 板原位标注示例

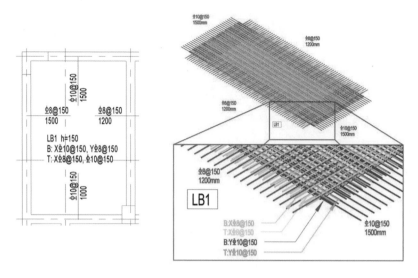

图 6.28　板配筋示意图

6.7　楼梯

楼梯有多种结构形式，以最常见的现浇混凝土板式楼梯为例，其平法施工图有平面注写、剖面注写和列表注写 3 种表达方式，可依据工程具体情况选择表达方式（见图 6.29）。

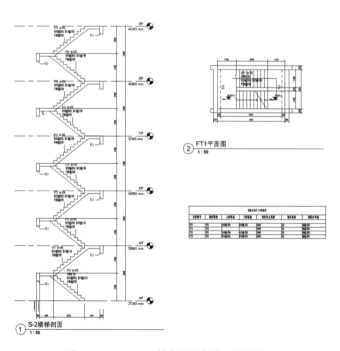

图 6.29　Revit 楼梯平法施工图示例

（1）平面注写方式

平面注写方式，系在楼梯平面布置图上注写截面尺寸和配筋具体数值的方式，包括集中标注和外围标注。其中，集中标注包括类型编号、梯板厚度、踏步总高度、级数，以及上下部纵筋和梯板分布筋；外围标注的内容则包括楼梯间的平面尺寸、楼梯标高、楼梯上下方向、梯梁、梯板等外部信息（见图 6.30）。

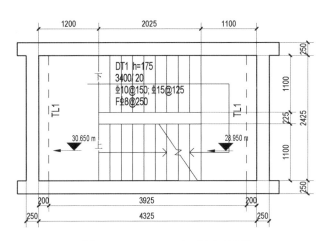

图 6.30　Revit 平面注写楼梯

（2）列表注写方式

列表注写方式，系用列表方式注写梯板截面尺寸和配筋具体数值的方式表达楼梯施工图（见图 6.31）。

梯板几何尺寸和配筋						
类型编号	梯板厚度	上部纵筋	下部纵筋	踏步段总高度	踏步级数	梯板分布筋
DT1	175	Φ10@150	Φ15@125	3400	20	Φ8@250
FT1	175	Φ10@200	Φ12@150	3400	20	Φ8@250
FT2	175	Φ10@150	Φ12@150	3400	20	Φ8@250
FT3	175	Φ10@200	Φ10@100	3400	20	Φ8@250

图 6.31　Revit 列表注写楼梯

（3）剖面注写方式

剖面注写方式，是在楼梯平面布置图的基础上添加楼梯剖面图。楼梯剖面标注内容包括梯板集中标注、梯梁梯柱编号、梯板水平及竖向尺寸、楼层结构标高、层间结构标高等。剖面注写一般将楼梯井中多层楼梯在一个剖面中表达出来。标注层高、结构尺寸后，再分梯段对梯板进行集中标注（见图 6.32）。

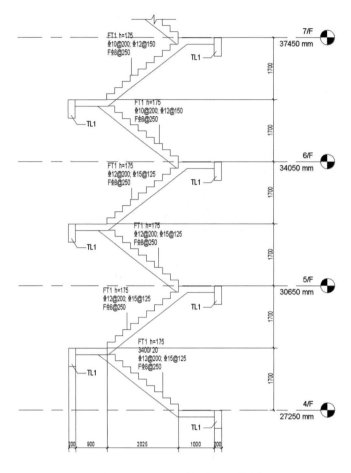

图 6.32　Revit 剖面注写楼梯

6.8　构造详图

　　结构构造详图是结构施工中各种节点或细部的详细做法，有时相同的细部可以有不同的几种做法来满足设计的不同要求。详细做法包括用料、配筋、详细尺寸、先后次序等。对于一般的结构构造详图，Revit 皆可以通过剖面视图辅以文字引注、替换尺寸标注文字等方式简单实现。而对于复杂结构的构造详图，如柱箍筋复合方式、楼梯配筋等，传统平法制图有时会通过分层绘制多个截面详图，或沿布置方向将钢筋分类逐个绘制在结构构件外等方式表示。同建筑详图一样，结构详图的绘制也牵涉 2D 构件的使用。Revit 作为 3D 建模工具，2D 制图并不是其主要功能，在使用 2D 构件对节点做法进行必要说明的同时，可考虑在施工图中附以 3D 视图，或直接交付模型，使设计信息更充分地得到表达，是非常值得探索的设计流程。本节以楼梯构造详图为例，对构造详图的制作进行说明。

　　楼梯配筋构造详图，是在楼梯平面图的基础上，对典型或工艺复杂楼梯配筋构造进行的补充描述，包含了楼体构造中端头钢筋的弯钩角度、锚固长度、焊接长度、钢筋分布和构造要求等楼梯的一般信息。通常，由于楼梯配筋复杂，为清晰表示楼梯构造信息，会将楼梯主要钢筋进行拆解并放在楼梯截面图旁的位置进行注写，方便施工人员读图（见图 6.33、图 6.34）。

　　构造详图中需要进行大量示意性标注，在 Revit 中需要通过尺寸标注替换来实现。由此可见，Revit 为实现与《平法制图》表达完全一致的构造详图，设计人员需要花费较大的精力与时间进行完善。反观绘制构造详图的目的，是为了使施工人员更好地理解设计意图和结构关系，方便施工工作的进行。在简单剖面图的基础上，辅以 Revit 三维视图是否可以达到同样的效果甚至更好呢？相信这是个值得各设计单位和图纸审批部门共同探讨的问题（见图 6.35）。

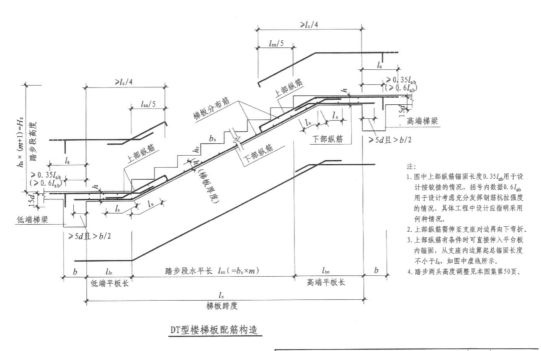

图 6.33　楼梯配筋构造示例（摘自《平法制图》）

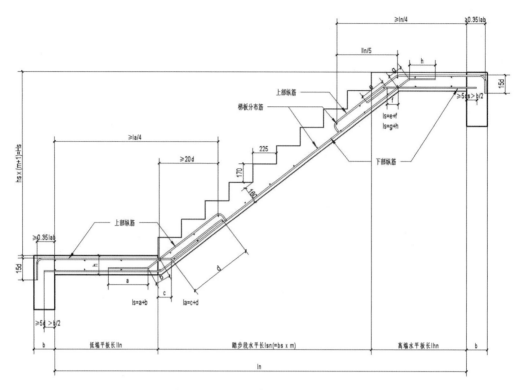

图 6.34　Revit 楼梯配筋构造详图

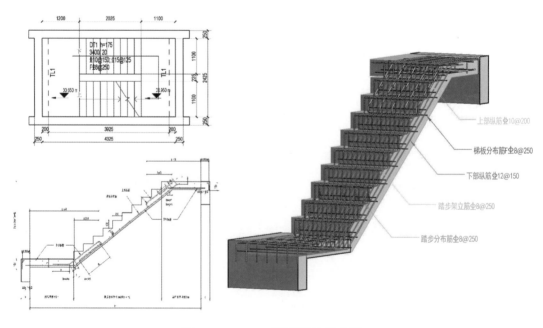

图 6.35　Revit 楼梯配筋示意图

第7章
机电专业 BIM 设计及制图实践

7.1 机电专业制图概述

7.1.1 机电专业 BIM 应用

机电专业 BIM 设计中最大的障碍是 BIM 的设计观念与传统流程大相径庭。设计初期以抽象表达为主，旨在清晰表达设计意图、管线走向及布局，注重图面的简洁舒展；并且综合设计与专业设计也是分开绘制的，并不需要严格一致。而 BIM 建模最大的特点就是直观准确并"反映真实"。各专业模型根据专业图纸生成，综合模型则由专业模型的叠加自动生成，可想而知，这个阶段的综合 BIM 模型会存在大量的碰撞冲突。应用 BIM 从设计初期就开始管线综合，一方面确实能深化设计，另一方面管线的排布避让也会极大地增加工作量并使专业图纸显得烦琐无序。施工阶段各专业设计需要紧跟总施工计划，如何平衡工作时间及 BIM 模型的综合设计深度，确实需要大量的实践及官方的标准来进行指导。

在现阶段的实践中，由于各合作方软件应用的成熟度有限，工作流程也是依照旧有的模式，往往会造成工作量大量增加却无法真正解决设计难点的局面，比如花费大量时间解决了走廊位置的管线综合碰撞后发现，为了配合增加的租赁空间走廊位置进行了改动，等等。设计人员在没有明确指导或实践指引的情况下，很容易舍本逐末，陷入困难的局面。

BIM "反映真实"模型表达的优点是可以进行三维空间碰撞检查。传统管道综合方式为二维平面图叠加，即按照一定的原则性标高及各专业需求，确定各管线的安装位置。二维平面管线综合难以全面排查碰撞，平面表达也不够直观。BIM 管道综合可以在空间真实显示管道、设备、门窗、墙、梁、柱并能综合碰撞检查、多种方式显示碰撞位置，生成设备综合平面图、三维漫游和动画等。这个优点其实也正是前文提到的缺点的一体两面，只有正确计划和使用 BIM 软件平台，才能扬其所长避其所短。

目前，机电专业的 BIM 应用有 3 个研究热点：一是性能化软件与 BIM 模型的互导和协同；二是如何使用 BIM 进行更为有效的机电综合管线的协调；三是 BIM 软件平台的制图功能。当前 BIM 技术可支持的性能化分析包括暖通负荷计算、光环境模拟等。在传统设计阶段，根据需求对风口设定风量，但无法精确预测每个风口的运行风量，也无法给出具体的调节措施，仅在施工完毕后运行调节时才能有所检测。运用 BIM 技术，在建模阶段对末端风口调试进行一定的模拟，将有效地指导设计及施工。但在 Revit 软件中，虽有基本的风口、调节阀等构件，但其中的参数并不足以对实际情况进行模拟，因此往往需要采用第三方软件来解决以上问题。目前与 BIM 软件平台可产生对接的建筑性能分析软件包括 Ecotect，VE，GBS，EnergyPlus 等，但这些平台在模型交互方面仍然存在很多问题。

至于机电综合协调与成果交付，两者相辅相成，需要在实践中寻找到一个恰当的平衡点，以平衡 Revit 软件直观性建模与传统设计流程中的抽象性表达的矛盾。

7.1.2　Revit 与暖通空调及给排水专业制图

机电专业的 BIM 设计中，除了图纸表达的问题，例如大量设备的符号、标注、管线的线型等，还有设计观念和工作流程的问题。管线设计初期以抽象表达为主，综合与专业图纸分开，重在图面简洁舒展。BIM 模型的综合设计虽然能深化设计、减少碰撞，但若过于执着于解决碰撞、忽略设计深度及全碰撞检测间的平衡，就会导致专业图纸疏密无序。再加上图纸表达上多管竖向重叠、管线线型、立管符号等图面表达上的局限，往往会造成异常困难的局面。

机电专业设计图纸主要包含系统图、平面图、剖面图、详图等。本章以暖通空调及给排水专业建模为例，针对上述机电制图方面的问题进行解读及分享，以期为设计施工单位提出一些实用性的建议。

参考图集包括：

①09K601《民用建筑工程暖通空调及动力施工图设计深度图样》；

②04S901《民用建筑工程给水排水施工图设计深度图样》；

③GB/T 50114—2010《暖通空调制图标准》；

④GB/T 50106—2001《给排水制图标准》；

下文统一简称《深度图样》和《制图标准》。

7.2　机电制图图纸标准化管理

机电制图图纸标准化管理同样由系统设置、图形显示设置、Revit 元件设置、信息输出设置 4 个范畴决定。此处针对机电制图的特性对 4 个范畴的设置进行一些补充说明。

7.2.1　系统设置—共享参数建立

管道及风管系统是对管网的流量和大小进行计算的逻辑实体，在 Revit 中是一组以逻辑方式连接的模型构件。风管系统由风管、管件、风管附件、风道末端及机械设备组成，管道系统则可以简单概括为管道、管件、管路附件、卫浴装置及喷头。平面中的注释内容多是针对这些不同模型构件的尺寸标注和信息标记，如设备定位尺寸、风管管道尺寸、各种设备编号等。对 Revit 未有内置化的属性，需要共享参数的建立来支撑标记族的建立，进而实现图纸中的信息注释。下面以风管／管道的基本构成为分类，对暖通空调及给排水系统中的共享参数的建立进行了分类罗列（见表 7.1）。

机电设备共享参数设置比结构设计困难的地方在于种类众多，并且难以统一。比如机械设备就种类繁多，并且彼此之间的参数还大相径庭，对信息的输入造成了困难。在实践中，通常会采取将部分参数合并统一表达，比如风机里的风量、风压、功率、转速、噪声就可以合并成一个参数来表达风机的功率。当然，本质上输入数据的量并没有改变，只是在创建明细表或进行标记时会更易于管理。这方面问题是确实需要软件开发商针对中国市场进行软件数据结构的更新才能够根本解决的。

表 7.1　设备构件及对应的共享参数

风管系统／管道系统	设备构件	添加共享参数
风管	风道	位置，系统编号，备注
风管管件	T 形三通，Y 形三通，四通，过渡件，弯头，接头	备注
风道末端	散流器，风口	风量，个数，设备形式，设备编号
	百叶窗	设备形式，大小
	热交换器	设备编号，设备形式，换热量，数量，备注
机械设备	冷水机组	设备编号，设备形式，制冷量，冷冻水温（进水、出水），冷却水温，供电要求，使用冷媒，噪声，质量，数量，备注
	空调机	设备编号，设备形式，冷量，热量，风量，噪声，质量，数量，备注
	泵	设备编号，设备形式，设备名称，流量，扬程，供电要求，转速，压力，设计点效率，质量，数量
	组合式空调机组	设备编号，设备形式，冷量，热量，风量，机外余压，供电要求，冷却盘管，加热盘管，加湿器，噪声，数量，备注
	风机盘管	设备编号，设备形式，冷量，热量，机外余压，供电要求，冷却盘管，加热盘管，加湿器，噪声，数量，备注
	风机	设备编号，设备形式，风量，风压，供电要求，转速，噪声，安装位置，数量，备注
	冷却塔	设备编号，设备形式，处理水量，进／出口水温，空气干／湿球温度，质量，数量，备注
管道	水、汽管道	位置，系统编号，备注
管件	T 形三通，Y 形三通四通，弯头，过渡件，管帽，斜四通，法兰	备注
管路附件	雨水斗	设备编号，雨水斗汇水面积
	地漏，过滤器等	设备编号，个数
卫浴设置	大便器，小便器等	备注
喷头	各式喷头	设备编号，设备形式，个数

7.2.2 图形显示设置——视图样板

创建视图样板批量控制视图样式（见图 7.1），可以快捷有效地调整视图以符合施工图绘制要求。

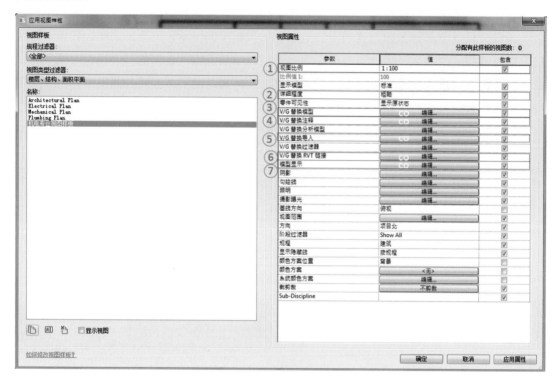

图 7.1 视图样板

①设备图纸一般包括以下内容，常用的图幅和比例可参考表 7.2。

表 7.2 暖通空调及给排水图纸目录

图纸名称	图 幅	比 例
设计施工说明、图纸目录、图例	A1	
设备材料表	A1	
系统图、立管图	A1	
干管轴侧透视图	A1	1:100
平面图	A0	1:100
平面放大图	A3	1:50
立（剖）面图	A1	1:50
详图（节点图、大样图、标准图）	A1	1:25

注：摘自《深度图样》。

②《制图标准》规定，在平面图、剖面图和详图中，风管都要使用双线表示。风管在"粗略"程度下默认为单线显示，在"中等"和"精细"程度下则为双线显示。其余风管末端

族或附加管件族在不同详细程度下的显示方式则取决于族文件中的设置，比如图 7.2 消防阀符号线的显示控制，在族文件编辑器中，将"单线"的详细程度设置为"粗略"，将"外围矩形轮廓"的详细程度设置为"中等"及"精细"，则会得到图 7.2 所示的效果。

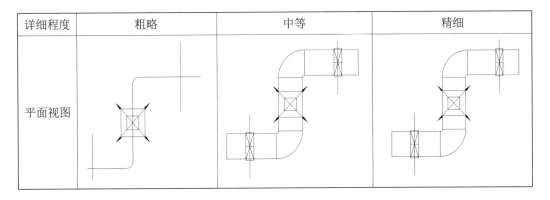

图 7.2　风管详细程度显示

水、汽管道在"粗略"和"中等"程度下默认为单线显示，在"精细"程度下为双线显示。同样，管路附件的显示方式可在族文件编辑器中调整（见图 7.3）。

详细程度	粗略	中等	精细
平面视图	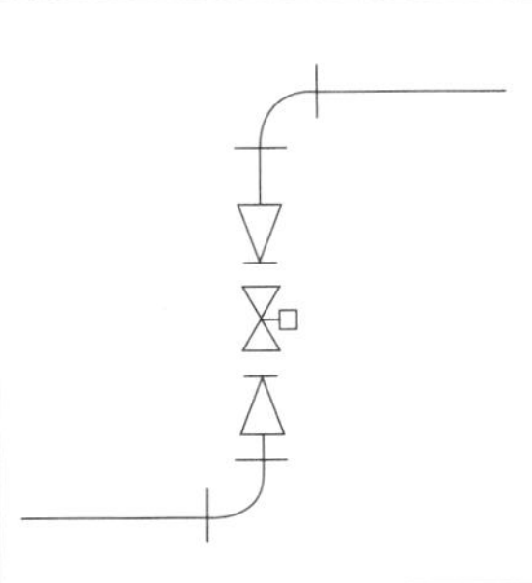	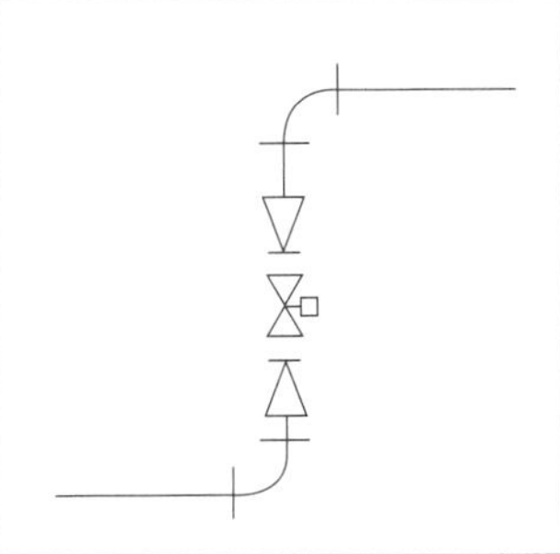	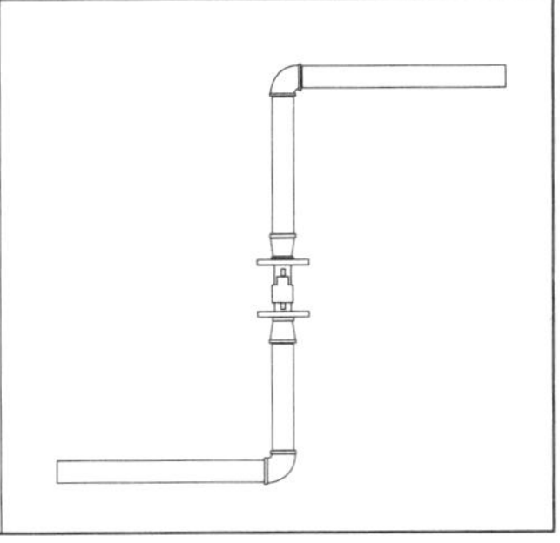

图 7.3　管道详细程度显示

③对"V/G 替换模型"的设置，一般选择关闭设备模型以外的设置。根据出图时的具体情况，可再进一步细分模板，对子类别进行定义。比如 Revit 剖面视图中，默认情况下会在风管和管道的中心出现一个十字形标记，该标记可以通过取消勾选风管和管道子分类中的中心线来隐藏。另外，在剖面视图中对风管壁和管道壁进行尺寸标注时，"中心线"及"升""降"子分类的显示也会对标注工作造成不便，只要取消勾选上述 3 个子分类就可以解决这个问题。

④对"V/G 替换注释"的设置，在只保留机电目录下的注释基础上，需要取消勾选多余的注释。

⑤在模型绘制过程中，有时会用到参照图，这些参照图在生成机电施工图时是不需要

的，可在"V/G 替换导入"中将其隐藏。

⑥关于过滤器的设置，暖通空调及给排水专业模型中系统类别众多，为了方便后期综合分析及图面清晰的需要，通常会根据系统类型添加一系列的过滤器，以方便对各种系统类型可见性的控制。命名可保持与系统类型一致（见图7.4）。

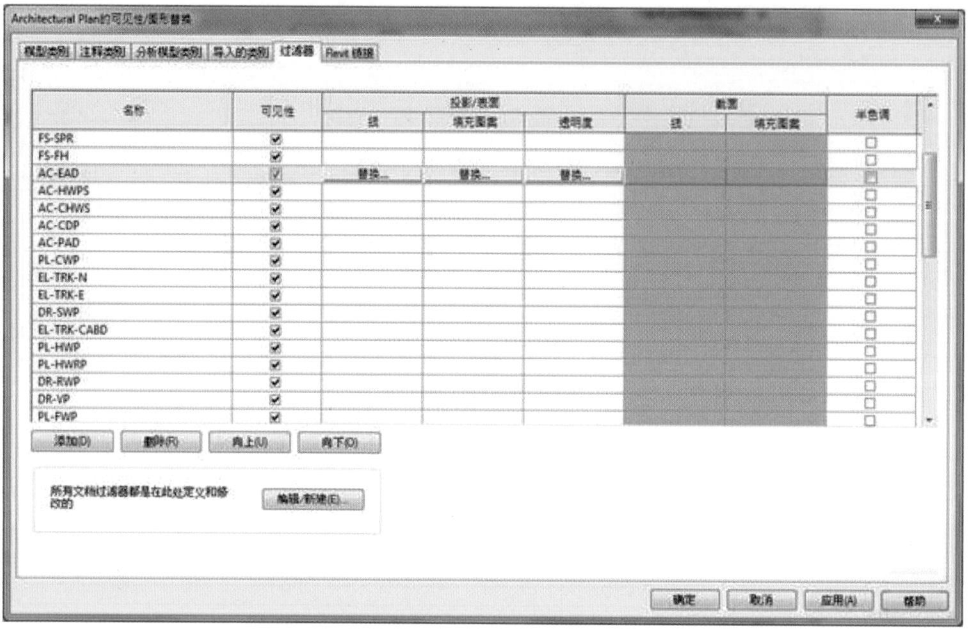

图 7.4　风管及管道的过滤器设置

⑦模型显示选项设置中，样式一般设置为"线框"。

7.2.3 / 图形显示设置—风管／管道系统

1）系统颜色／线型

管道及风管系统设置的控制优先度高于对象样式和可见性设置，可以用来对不同机电系统的线宽、线型及颜色进行定义，同时该系统分类及命名也直接决定了导出 dwg 格式的图层分类及名称。不同项目对于不同风管／管道系统的表达形式要求不同，可根据项目要求进行定制化。表7.3为《深化设计标准》中对风管／管线图层及颜色的规定，包含暖通、给排水、消防等专业。

表 7.3　管线图层及颜色要求

暖通专业		
管线名	图层名称	颜　色
排烟风管	综合管线 HVAC-SF-DCT-SR	4
排风管（包含共用排烟）	综合管线 HVAC-V-DCT-EA	161
加压送风、补风管	综合管线 HVAC-V-DCT-S	20

续表

管线名	图层名称	颜 色
空调送风管	综合管线 HVAC-RA-DCT-S	3
空调回风管	综合管线 HVAC-RA-DCT-R	2
空调新风管	综合管线 HVAC-OA-DCT	74
厨房排油烟管	综合管线 HVAC-V-DCT-EOA	20
空调冷却水供水管	综合管线 HVAC-CW-PIP-S	3
空调冷却水回水管	综合管线 HVAC-CW-PIP-R	3
空调冷冻水供水管	综合管线 HVAC-CHW-PIP-S	5
空调冷冻水回水管	综合管线 HVAC-CHW-PIP-R	5
空调热水供水管	综合管线 HVAC-HW-PIP-S	241
空调热水回水管	综合管线 HVAC-HW-PIP-R	241
空调冷凝水管	综合管线 HVAC-N-PIP	7
空调设备	综合管线 HVAC-EQ	26
燃气管道	综合管线 HVAC-R-PIP	10
给排水专业		
管线名	图层名称	颜 色
供水管	综合管线 PD-J-PIP	3
生活热水管	综合管线 PD-R-PIP	3
重力污水管	综合管线 PD-W-PIP	6
压力污水管	综合管线 PD-YW-PIP	6
重力废水管	综合管线 PD-F-PIP	40
压力废水管	综合管线 PD-YF-PIP	40
重力雨水	综合管线 PD-Y-PIP	4
透气管	综合管线 PD-T-PIP	5
虹吸雨水	综合管线 PD-YY-PIP	4
消防专业		
管线名	图层名称	颜 色
消火栓管	综合管线 FS-HY-PIP	1
消火栓箱	综合管线 FS-HY-BOX	221
自喷主管	综合管线 FS-ZP-PIP	111
自喷支管	综合管线 FS-ZP-PIP-01	111
末端试水管	综合管线 FS-ZP-PIP-02	151
喷淋头	综合管线 FS-ZP-ATT	201
窗喷管道	综合管线 FS-CP-PIP	3
水炮管道	综合管线 FS-SP-PIP	1
电气专业		
管线名	图层名称	颜 色
动力桥架	综合管线 EL-PWD-TRY	185
照明桥架	综合管线 EL-LTG-TRY	6
母线槽	综合管线 EL-BW-TRY	185

续表

弱电专业		
管线名	图层名称	颜 色
通讯线槽	综合管线 ELV-CN-TRU	40
楼控线槽	综合管线 ELV-EQ-TRU	211
综合布线线槽	综合管线 ELV-INT-TRU	40
安防线槽	综合管线 ELV-SE-TRU	40
消防线槽	综合管线 ELV-DET-TRU	6
广播线槽	综合管线 ELV-BAT-TRU	160
UPS 线槽	综合管线 ELV-UPS-TRU	30
有线电视线槽	综合管线 ELV-CATV-TRU	34
POS 线槽	综合管线 ELV-POS-TRU	7
底 图		
建筑底图	XREF-ARC	252
结构底图	XREF-STR	252

注：摘自《机电深化设计标准》。

2）立管符号

在风管或管道的系统类型属性中，可通过定义立管符号反映其上升／下降属性。需要注意的是，风管及管道立管符号在图面中的显示效果，不仅受系统类型属性中上升／下降符号设置的影响，也与平面视图范围的设置相关，下面进行分别说明。

风管的上升／下降符号为单一选项，所以不管风管转向上方或是下方，都会表达成单一的符号（见图 7.5）。

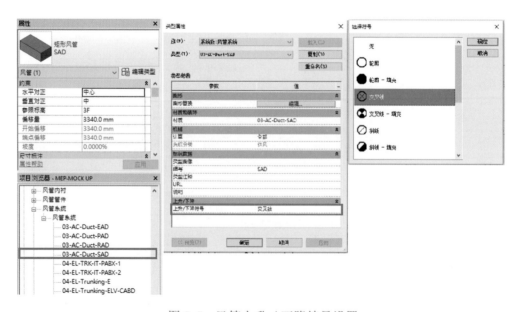

图 7.5　风管上升／下降符号设置

管道上升 / 下降符号设置的自由度较高，不仅分单线双线，还可以将上升、下降管道表达成不同符号（见图 7.6）。

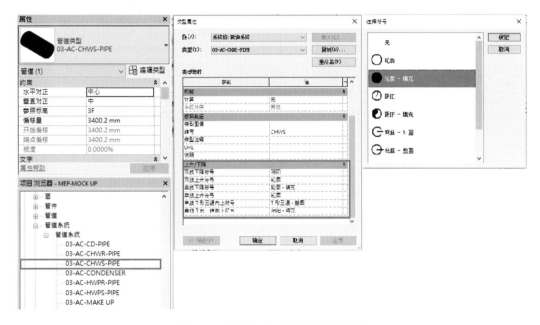

图 7.6　管道上升 / 下降符号设置

但这种符号的表达，不只是与管道的转向有关，也受到视图范围的影响。图 7.7 中平面视图范围的顶部为 4F，当管道高度未超过顶部高度时，即使管道转向向上平面表达仍为下降符号。管的高度超过顶部高度时，则显示为上升符号。

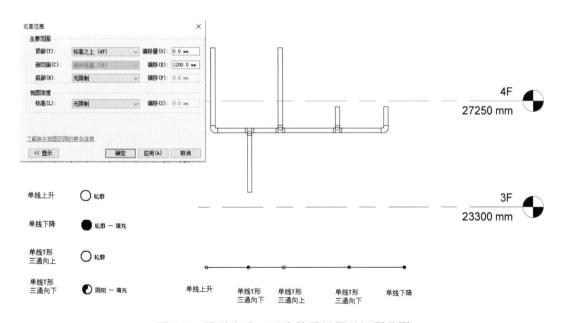

图 7.7　管道上升 / 下降符号设置及视图范围

同时，单线显示状态下管道上升／下降符号无法反映管道的真实尺寸，符号的大小由机械设置中的管道升／降注释尺寸统一控制（见图7.8）。

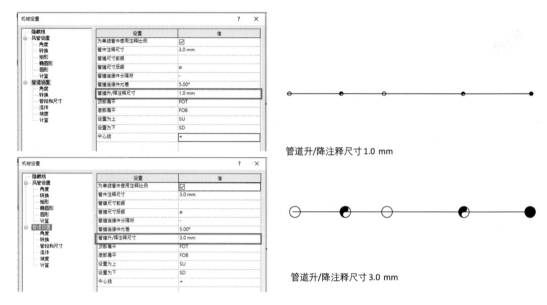

管道升/降注释尺寸1.0 mm

管道升/降注释尺寸3.0 mm

图 7.8　管道上升／下降注释尺寸属性

7.2.4　Revit 元件—模型标记

暖通空调及给排水专业制图中包含大量需要定制化的注释内容，前文共享参数环节以风管／管道系统基本构成为分类标准，对共享参数进行了罗列，由于共享参数与模型标记族的对应关系，本节以同样的分类标准，即风管系统（风管、管件、风管附件、风道末端及机械设备）、管道系统（管道、管件、管路附件、卫浴装置及喷头），对设备专业模型标记族进行举例说明。表7.4—表7.6对《深度图样》及《制图标准》中的注释内容进行了总结，并与 Revit 中的标记族注释效果进行了对比。由此可见，Revit 是可以基本满足传统二维暖通空调及给排水施工图对注释内容的要求的。

表 7.4　风管／管道尺寸标记族

Revit 风管／管道尺寸标记族	应用 Revit 标记族在项目文件中读取注释信息	《制图标准》中风管／管道尺寸注释示例
直径前缀 DN 焊接钢管	DN32　D108×4　d32	DN32　D108×4　d32

续表

Revit 风管 / 管道尺寸标记族	应用 Revit 标记族在项目文件中读取注释信息	《制图标准》中风管 / 管道尺寸注释示例
直径前缀 DN 无缝钢管尺寸	DN32　D108×4　d32	DN32　D108×4　d32
直径前缀 DN 金属或塑料管	DN32　D108×4　d32	DN32　D108×4　d32
尺寸 风管尺寸	300×200	300×200
直径前缀 φ 圆形风管尺寸	φ80	φ80

表 7.5　风管 / 管道附件标记族

Revit 风管 / 管道附件标记族	应用 Revit 标记族在项目文件中读取注释信息	《制图标准》中风管 / 管道附件注释示例
尺寸 + 数量 + 流量 散流器	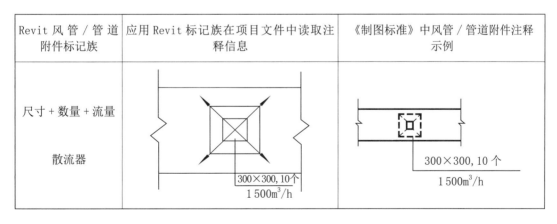	

续表

Revit 风管 / 管道附件标记族	应用 Revit 标记族在项目文件中读取注释信息	《制图标准》中风管 / 管道附件注释示例
尺寸 + 数量 散流器		
设备类型 + 尺寸 + 风量 + 个数 风口		
百叶类型 + 尺寸 + 标高 百叶窗		
设备名称 + 尺寸 + 标高 静压箱、消声器		

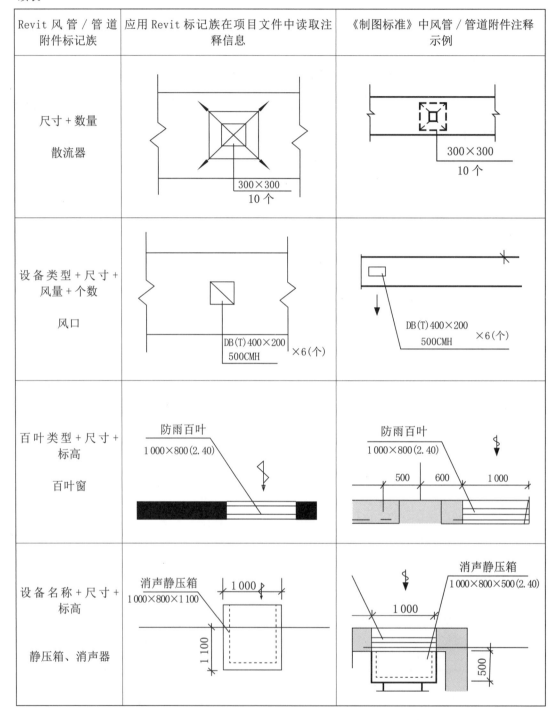

表 7.6　机械设备、卫浴装置及喷头标记族

Revit 机械设备/卫浴装置及喷头标记族	应用 Revit 标记族在项目文件中读取注释信息	《制图标准》中机械设备/卫浴装置及喷头注释示例
设备编号 + 机组代号 + 进水方向 风机盘管	FP-4(Y) 1 000	FP-4(Y) 1 000
设备编号 + 机组代号 + 标高 轴流式风机	P-0604 中心标高 (2.50)	P-0604 中心标高 (2.50)
设备编号 + 机组代号 水泵	BL1-1	BL1-1

7.3　系统图

系统图是设计图的逻辑抽象及简化，难以从"反映真实"的 Revit 模型中直接生成。传统工作流程中，也应用简洁清晰的系统图来指导系统的详细设计，而不是从设计好的系统中提取系统图。另外，Revit 建模中虽然可以实现一定程度的系统管线优化，也可通过性能分析调节设备型号，但要进行整个项目不同楼层的综合系统分析优化还是很困难的，并且这一步骤对建模要求及信息输入的准确性要求较高，很难快速有效地达到效果。

不管是从设计流程还是制图需要上来说，用 Revit 平台绘制系统图都没有太大的优势。如果是为了统一制图平台，用 2D 组件在 Revit 中进行系统图绘制也是可以的，但绘制的

成图只能是一个独立于模型的示意图，其使用价值并不会比用 AutoCAD 来绘制高多少。有关系统图的绘制，是遵循"为表达而表达"的原则用 2D 线型工具进行绘制；还是通过二次开发使 Revit 具有从 3D 模型中直接抽象出系统图的功能，是一个值得研究的课题。

7.4 轴测图

根据设计需要，系统图有时会绘成正面斜等轴测图。暖通空调轴侧图用来表达系统中散热器等风道末端与风管的连接方式、空间关系及走向；给排水轴测图则用来表明卫浴装置及喷头与管道的连接方式及管道系统的立体走向。传统制图实践中，轴测图虽然形象逼真，但一般不能反映物体各表面实形，并且度量性差、作图复杂，通常用来作为辅助图样弥补平面图的不足。

Revit 软件平台使用 3D 模型构件进行设计建模，然后自动生成各视图及 3D 模型。所以，完成平面建模后，可以方便快捷地自动生成轴测图（见图 7.9）。

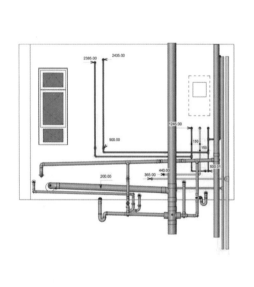

（a）立面图

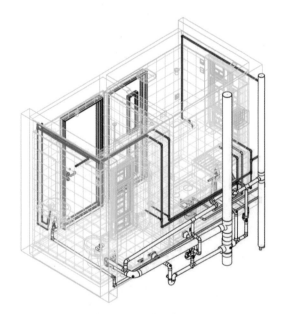

（b）轴测图

图 7.9　Revit 轴测图示意

7.5 暖通及给排水平面图

暖通空调风路平面中风管要以双线表达，标注内容包括风管尺寸、标高、介质流向、各种设备定位尺寸编号及必要说明文字（见图 7.10）。

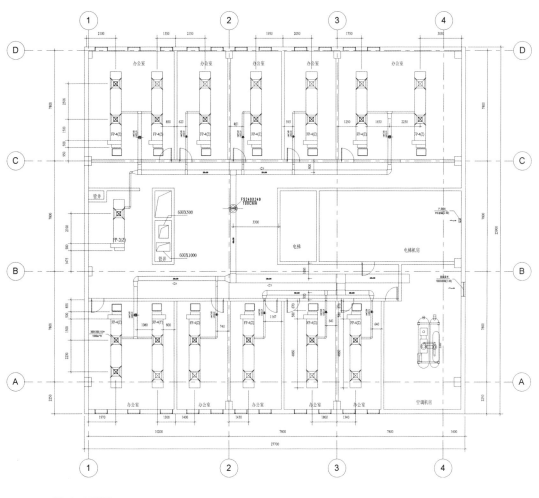

图 7.10 Revit 空调风路平面图示意

水路平面中冷热水、凝结水等管道需以单线表示，标注内容包括水管管径、标高、各种设备定位尺寸编号及必要说明文字（见图 7.11）。

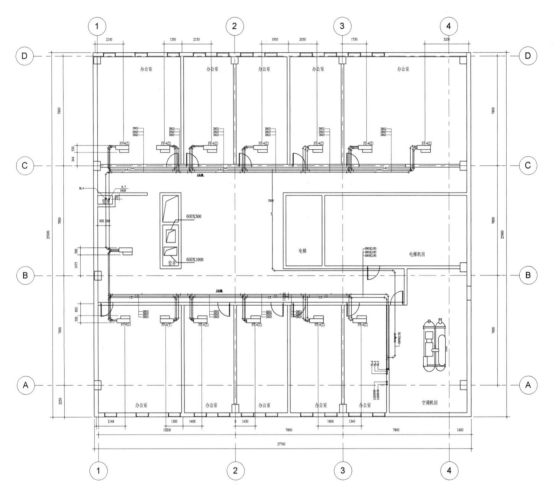

图 7.11　Revit 空调水路平面图示意

给排水平面图用单线表示管道和管道附件。标注内容包括各种管道、管路附件、卫浴装置及喷头等的名称、编号、平面定位尺寸和标高（见图 7.12）。

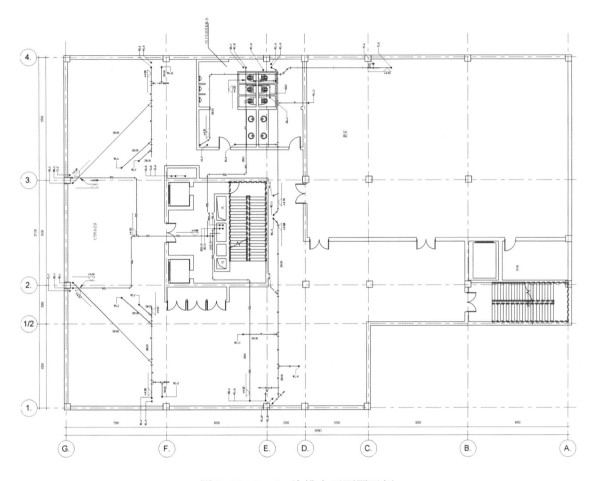

图 7.12　Revit 给排水平面图示例

1）管道名称标注及线型

《深度图样》中用单线表达管线，以包含符号或文本的线型表达管道的不同系统类型（见表 7.7）。前文在线型章节已经介绍过，可以通过定义详图构件族达到相同的图面效果，但该线型本质是一个族文件，不能直接用来在管道系统/风管系统中定义不同的模型构件。通常，只有通过 Revit 线样式编辑器定义的由点、划、空格组成的线型才能被系统类型直接引用，并表达在模型构件的投影面或剖切面中。设计人员也不可能在完成机电建模后再用详图构件进行平面绘制以求单纯地满足制图需求，这样做使模型构件与平面信息分离，无法同步更新，失去了模型信息一体化的优势；并且在导出 dwg 格式时也无法再使用系统类型对管道进行分层，因为所有详图构件都会导出到同一图层。

在实际应用中，目前主要通过利用管道名称标记族进行等距标注来满足图面表达的需求，但实际上在管道线路大量改动的过程中，很难保持标记名称与线路走向的一致性。每次改动，都有大量的注释信息需要手动调整，极大地影响了工作效率。针对这个问题，目前暂时没有有效的解决方案，唯有寄希望于 Revit 可以在线型定义方面有所更新。

表 7.7　管道线型表达

名　称	序　号	图　例
冷热水供水管	LR	——— LR ———
冷热水回水管	LR	− − − LR − − −
冷却水供水管	LQ	——— LQ ———
冷却水回水管	LQ	− − − LQ − − −
空调冷水供水管	L	——— L ———
空调冷水回水管	L	− − − L − − −
空调热水供水管	R	——— R ———
空调热水回水管	R	− − − R − − −
冷媒管	f	——— f ———
空气凝结水管	n	——— n ———
软化水管	RS	——— RS ———
补水管	b	——— b ———
膨胀管	p	——— p ———
泄水管	XS	——— XS ———

注：摘自《深度图样》。

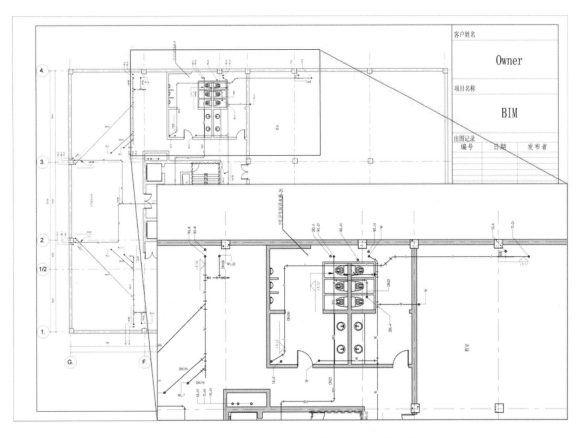

图 7.13　Revit 管道标注及线型表达

2）风管管件和管道管件

　　规范中并没有对管道管件的表达方式（弯头、T 形三通、端点加盖等）进行规定，并且习惯表达中在表明管道走向的同时，为了平面的清楚简洁，并不需要表达管道管件等。而在 Revit 管线单线显示状态下是无法不显示管道管件的，在管线密集的情况下，会造成读图不便。Revit 中可以通过编辑管道管件属性来解决这个问题，选中所有弯头或 T 形三通，然后在属性栏中取消选择"使用注释比例"选项，即可使管件忽略真实比例以抽象符号的方式显示（见图 7.14、图 7.15）。

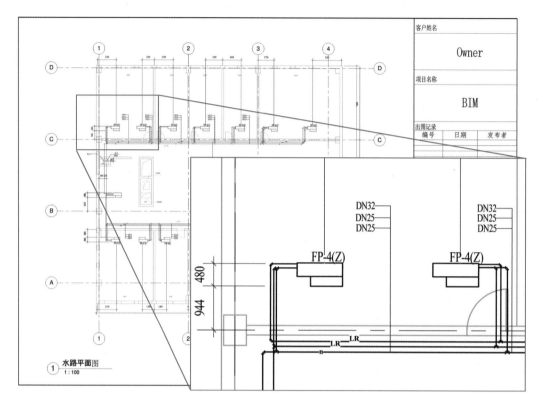

图 7.14　Revit 管道管件表达

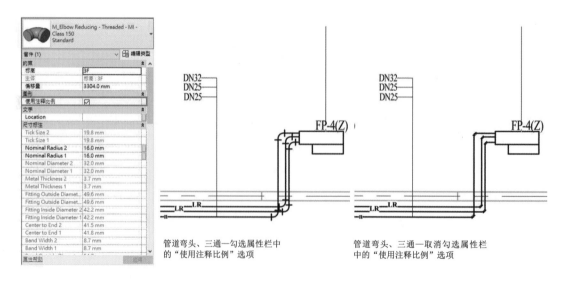

图 7.15　Revit 管道管件的"使用注释比例"属性对图面表达的影响

3）多管标注

Revit 模型标记的一个重要特点是，一个标记对应一个主体。所谓的信息与模型一体化也是这个意思，每个模型构件都有自己的独特信息，名称、尺寸、编号等。修改几何外形、调整构件类别都会导致模型构件几何轮廓及注释信息的同步更新，以达到平立剖面及明细表高效同步更新的目的。就如在之前章节中不断重复的一个话题，Revit 的直观表达在带来种种优势的同时，与传统制图习惯中的概括性表达往往会产生很多矛盾。例如，传统空调水路制图中大量出现的多管引注形式，即一个集中引注标注多根管线，简洁明了（见图7.16）。在 Revit 中则必须采取对每根管线单独标记，再将引线重叠对齐的方式来实现这种习惯的标注样式，其实质仍然是多个标注。并且一旦管线移位，就必须重新调整标注位置及引线。在项目规模可观的状况下，这是不容忽视的一个工作量的增加，并且也使信息自动更新的优势变得如同鸡肋，食之无味弃之可惜。同样的状况也发生在建筑及结构平面制图中，通常可以用集中标注配合原位标注的方式解决。虽然也会在模型更新的过程中出现注释信息移位的状况，但由于模型构件空间分布远不及设备平面图密集复杂，所以矛盾没有那么突出。

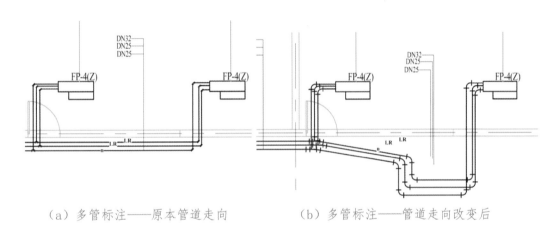

（a）多管标注——原本管道走向　　　　（b）多管标注——管道走向改变后

图 7.16　模型更新引起的多管标注移位

4）立管标注

立管符号的显示有一定的可控性，风管／管道系统属性中可以设置上升／下降符号，结合视图范围的设置、辅以注释文字可以基本满足制图中对立管表达的要求。但需要注意的是，风管的上升／下降符号可以直接反映风管的尺寸属性，而管道的上升／下降符号则不可以。

管道上升／下降符号设置分单线及双线模式，管道在"粗略"及"中等"详细程度下显示为单线，上升／下降符号不能反映管径大小，由机械设置中"管件升降注释尺寸"统一定义；管道在"精细"详细程度下显示为双线，视觉样式为"线框"时显示的上升／下降符号则可以随管径大小改变（见图 7.17、图 7.18）。

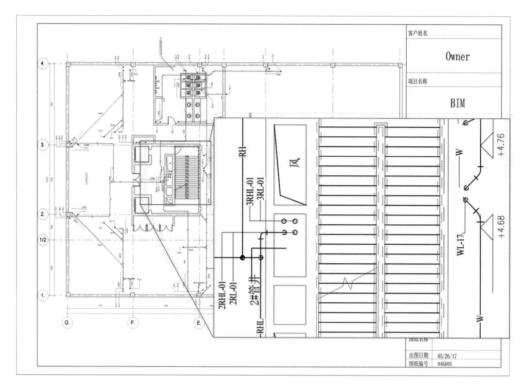

图 7.17　立管标注——单线上升／下降符号表达

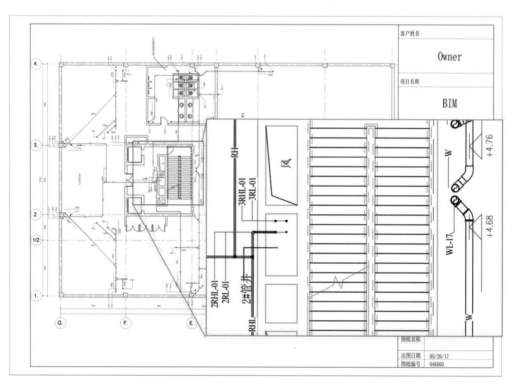

图 7.18　立管标注——双线上升／下降符号表达

规范中并未规定立管需要反映管径的真实大小，但在实践中会根据需要进行调整，比如尺寸较大的立管希望表达管径，部分小立管则不予以表达；又或者在立管尺寸对设计影响较大的情况下，比如用来进行管井内管线分布及碰撞检测，等等。

7.6　机房详图及剖面图

机房详图平面包含大量标注内容。在实践中，机房建模通常在设计后期，管道出入口位置、设备类型确定后，应用三维空间可视化的优势可以进行更为直观的机房管线设计综合。但 Revit 直接生成的机房放大平面效果往往差强人意，不仅有前文提到的各种线型表达、管道附件、多管标注、立管标注等问题；综合设计后的风管 / 管线在垂直空间内的大量交叠，反映在平面中也是相互遮掩，不及传统表达中并排排列来得简单明了，极易引起施工人员的误解。

当然它的好处也是显而易见的，经过管线综合确定风管 / 管线走向及尺寸后，即可方便快捷地获得大量剖面，也可以直接展示三维模型来帮助设计人员更清晰地了解设计意图（见图 7.19）。总体来说，在三维空间内进行碰撞排查是 Revit 的优势，平面表达的一些局限某种程度也是因为模型"反映真实"的意图，辅以剖面及三维视图，能比传统的表达方式更为充分地表达设计意图。

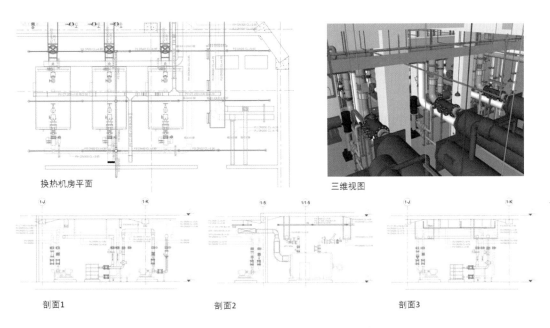

图 7.19　Revit 机房详图、剖面及三维视图

结语
EPILOGUE

BIM 在项目全生命周期应用的巨大潜力不可否认，但面对新兴事物，憧憬与焦虑都是必经之路，审慎评估、小心策划是平稳过渡的根本。其实我们很难证明一个技术在方方面面都是进步的，所有优势的获得其实都伴随着牺牲它的对立面，BIM 技术对模型直观性的回归，何尝不是对其抽象性的弱化；对信息容量多样性的强调，又何尝不是对各专业设计人员知识结构的忽视。

BIM 设计流程的一大优势体现在项目文件统一以及数据一致性，在为建设项目的设计管理及后期运营维护带来极大便利的同时，也驱使着传统工作流程及思维模式的变迁：每个设计阶段的内容会更为深化，阶段和阶段的边界会弱化；专业内部甚至专业间利用协同工作模式加强数据流转；设计师更多的精力专注于设计创意和建筑分析，而平立剖等视图可以通过模型自动生成，可以增加设计的内容和提升设计的质量。然后，正是因为这些新思维及新过程决定了 BIM 软件平台无法导出完全符合传统制图规范的图纸。

虽然三维模型最终将有可能代替二维图纸，成为项目的主要交付内容。但是现阶段，由于市场及行业内部处于探索过渡的阶段，完全放弃二维而只用三维并不现实，设计单位使用了 BIM，还是需要生成二维图纸。BIM 软件平台由于先天属性与 AutoCAD 的巨大差异，导出的二维图纸往往需要大量规整或者根本无法达到有些制图标准的需求，这一设计施工新工作流程与旧审批标准的差异造成的成本及经营危机，造成了某些业内单位对 BIM 技术应用仍持保留态度的局面。

这些差异的弥合有些需要对传统审批标准进行调整，有些需要对传统工作流程进行改进，有些是软件本身的缺陷，也有些确实不太适合某些设计实践，等等。总之需要多方的合作、共同协作才能找出最佳实践方案。当然，使不同合作方加强交流沟通也确是 BIM 的重要精神之一。

在当前有关 BIM 的各项国家标准正在编制之际。本书旨在从制图实践出发，解读 BIM 软件建模过程与图纸输出关系，并结合现阶段国内制图标准，对新旧软件平台的制图效果进行了比较说明，并为设计施工单位提供一些实用性的建议。

附录：标准

GB/T 50001—2010《房屋建筑制图统一标准》

GB/T 50104—2010《建筑制图标准》

09J801《民用建筑工程建筑施工图设计深度图样》

16G101—1《混凝土结构施工图平面整体表达方法制图规则和构造详图（现浇混凝土框架、剪力墙、梁、板）》

16G101—2《混凝土结构施工图平面整体表达方法制图规则和构造详图（现浇混凝土板式楼梯）》

16G101—3《混凝土结构施工图平面整体表达方法制图规则和构造详图（独立基础、条形基础、筏形基础、桩基础）》

09K601《民用建筑工程暖通空调及动力施工图设计深度图样》

GB/T 50114—2010《暖通空调制图标准》

09S901《民用建筑工程给水排水施工图设计深度图样》

GB/T 50106—2001《给排水制图标准》

主要参考文献

[1] 董爱平.基于Revit的结构平法施工图运用研究[J].土木建筑工程信息技术,2015(1):44-48.

[2] 聂贤.暖通BIM技术在地下室管道综合中的应用[J].建筑热能通风空调,2014(2):101-104.

[3] 刘欢,胡健翔.BIM软件成图与传统规范成图的区别研究[R].重庆工程图学学会,2014

[4] 杨远丰.BIM时代设计软件与制图标准的相互对接[J].建筑技艺,2013(1):202-205.

[5] 秦雯.基于BIM的结构出图[J].土木建筑工程信息技术,2013,5(2):92-95.

[6] 赵昕.建筑给排水专业面临BIM抉择[J].给水排水,2012,38(11):85-91.